高等职业教育新型活页式教材

药剂设备应用技术项目教程

孙传聪　甄 珍　吴翠杨　主编

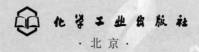

·北京·

内容简介

本书由专业教师和企业专家共同编写，通过实地调研多家制药企业的主要岗位，明确岗位代表性工作，归纳典型工作任务，综合分析药剂设备的发展趋势，由此确定教材内容。

本书按照项目形式进行编排，以药品生产企业典型药剂设备作载体，项目化教材内容，利于采用"教、学、做"一体化教学模式授课；设置"思政小课堂"，精心设计课程思政内容，使学生树立做好药、做放心药的职业道德，弘扬社会主义核心价值观，培养学生严谨细致、一丝不苟的工作态度，强化质量意识，追求极致的工匠精神；书中附有专业公司制作的微课视频，通过手机扫描教材二维码进行学习。

本书内容共分七个项目，分别为颗粒剂生产设备操作与维护、片剂生产设备操作与维护、全自动胶囊剂生产设备操作与维护、粉针剂生产设备操作与维护、小容量注射剂生产设备操作与维护、大输液生产线操作与维护、口服液生产设备操作与维护。每一个项目按照学生的认知学习规律与职业成长规律，强调项目的真实性，着重介绍了药剂设备的结构、工作原理、调试方法、故障处理等内容。

本书适用于高职高专学校制药设备应用技术、药物制剂技术、中药制药技术、机电一体化技术（制药制剂设备方向）专业使用，也可供相关企业职工培训使用及有关工程技术人员参考。

图书在版编目（CIP）数据

药剂设备应用技术项目教程/孙传聪，甄珍，吴翠杨主编.
—北京：化学工业出版社，2021.11（2024.8重印）
ISBN 978-7-122-40005-5

Ⅰ.①药… Ⅱ.①孙…②甄…③吴… Ⅲ.①化工制药机械－制剂机械－高等职业教育－教材 Ⅳ.①TQ460.5

中国版本图书馆 CIP 数据核字（2021）第 200523 号

责任编辑：蔡洪伟　旷英姿
文字编辑：李　瑾
责任校对：张雨彤
装帧设计：王晓宇

出版发行：化学工业出版社（北京市东城区青年湖南街 13 号　邮政编码 100011）
印　　装：中煤（北京）印务有限公司
787mm×1092mm　1/16　印张 15¼　字数 351 千字
2024 年 8 月北京第 1 版第 2 次印刷

购书咨询：010-64518888
售后服务：010-64518899
网　　址：http://www.cip.com.cn

凡购买本书，如有缺损质量问题，本社销售中心负责调换。

定　价：59.80 元　　　　　　　　　　　　　　　　版权所有　违者必究

本书编写人员名单

主　　编　孙传聪　甄　珍　吴翠杨
副 主 编　郭文峰　杨　振
编写人员　孙传聪（山东药品食品职业学院）
　　　　　甄　珍（山东药品食品职业学院）
　　　　　吴翠杨（山东药品食品职业学院）
　　　　　郭文峰（山东药品食品职业学院）
　　　　　杨　振（山东威高药业股份有限公司）
　　　　　王广昆（山东药品食品职业学院）
　　　　　邹田甜（山东药品食品职业学院）
　　　　　石树霞（山东药品食品职业学院）

前言 PREFACE

本书是紧密结合国家职业教育改革文件精神，紧跟产业发展趋势和行业人才需求，按"以学生为中心、职业能力为本位、学习成果为导向、促进自主学习"思路进行教材开发设计，弱化"教学材料"的特征，强化"学习资料"的功能，及时将制药产业发展的新技术、新工艺、新规范纳入教材内容，根据岗位要求的变化、学情的变化、培养目标的调整，及时地调整和变化教材内容的新型活页式教材。

本教材内容上，根据课程教学大纲的基本要求和课程特点，以综合职业能力培养为目标，以典型工作任务为载体，以学生为中心，以能力培养为本位，以企业生产岗位的主要药剂设备为骨架，根据设备操作流程，分解设备，包括结构、工作原理、调试方法、故障处理等，项目化教材内容，实现"教、学、做"一体化；精心设计教材课程思政内容，将理论学习与实践学习相结合设置"思政小课堂"，使学生树立做好药、做放心药的职业道德，以敬畏生命、守法诚信、自强创新等思政元素和思政载体，弘扬社会主义核心价值观，培养学生严谨细致、一丝不苟的工作态度，强化质量意识，追求极致的工匠精神；教材信息化资源方面，邀请专业公司制作微课视频，配套教学开发虚拟仿真、动画等数字资源，以上资源通过手机扫描教材二维码进行学习，帮助学生理解教材中的重点及难点。此外，教材还包括活页笔记、任务评价、任务巩固与创新、自我分析与总结等空白页和功能页，方便学生学习记录、补充内容、提出质疑和进行学习总结、问题研讨、分析解决问题、总结个人收获等。

本教材与威高集团威高药业合作，以企业具体生产岗位的主要设备为切入点，全书共分七个项目，每个项目按照学生的认知学习规律与职业成长规律，内容从简单到复杂、从单一到综合，由易到难，碎片化教学资源，学习药剂设备主要机构的操作与维护，强调项目的真实性，可作为学生学习训练技能的实战资源。

本教材由山东药品食品职业学院孙传聪、甄珍、吴翠杨老师担任主编，威高药业杨振工程师审核全稿。孙传聪老师负责拟订教材编写提纲，并负责全书的修改和统稿工作，其编写了项目1、项目2；甄珍老师编写了项目3、项目6、项目7；吴翠杨老师编写了项目4、项目5。郭文峰老师设计了企业调研方案，对工作岗位、工作任务进行汇总分析；王广昆老师、邹田甜老师、石树霞老师参加了本书部分内容的编写和资料整理工作。本教材在编写过程中，得到了威高药业、齐都药业、楚天科技等企业领导和专家的精心指导，以及有关院校老师的支持与帮助，在此深表谢意。

本教材编写人员来自学校和企业，所写内容均是其从事或熟悉的专业。内容上可能未能全面阐述药剂设备的全部动态。另外，本教材相关参考资料较少，书中疏漏之处在所难免，敬请广大读者批评指正。

编 者
2021年9月

目录 CONTENTS

项目1　颗粒剂生产设备操作与维护　001

任务 1.1　高效湿法混合制粒机操作与维护　/003

1.1.1　任务描述　/003
1.1.2　任务学习目标　/003
1.1.3　完成任务需要的新知识　/004
1.1.4　任务实施　/007
1.1.5　思政小课堂　/011
1.1.6　任务评价　/013
1.1.7　任务巩固与创新　/013
1.1.8　自我分析与总结　/014

任务 1.2　干法制粒机操作与维护　/015

1.2.1　任务描述　/015
1.2.2　任务学习目标　/015
1.2.3　完成任务需要的新知识　/016
1.2.4　任务实施　/017
1.2.5　思政小课堂　/019
1.2.6　任务评价　/021
1.2.7　任务巩固与创新　/021
1.2.8　自我分析与总结　/022

任务 1.3　沸腾制粒机操作与维护　/023

1.3.1　任务描述　/023
1.3.2　任务学习目标　/024
1.3.3　完成任务需要的新知识　/024
1.3.4　任务实施　/026
1.3.5　思政小课堂　/030
1.3.6　任务评价　/031
1.3.7　任务巩固与创新　/031
1.3.8　自我分析与总结　/032

项目2　片剂生产设备操作与维护　033

任务 2.1　高速压片机操作与维护　/037

2.1.1　任务描述　/037
2.1.2　任务学习目标　/037
2.1.3　完成任务需要的新知识　/038
2.1.4　任务实施　/044
2.1.5　思政小课堂　/052
2.1.6　任务评价　/053
2.1.7　任务巩固与创新　/053
2.1.8　自我分析与总结　/054

任务 2.2　高效包衣机操作与维护　/055

2.2.1　任务描述　/055
2.2.2　任务学习目标　/055

2.2.3 完成任务需要的新知识 /056
2.2.4 任务实施 /059
2.2.5 思政小课堂 /062
2.2.6 任务评价 /063
2.2.7 任务巩固与创新 /063
2.2.8 自我分析与总结 /064

项目 3　胶囊剂生产设备操作与维护　065

任务 3.1　全自动胶囊充填机操作与维护　/067

3.1.1 任务描述 /067
3.1.2 任务学习目标 /068
3.1.3 完成任务需要的新知识 /068
3.1.4 任务实施 /076
3.1.5 思政小课堂 /080
3.1.6 任务评价 /081
3.1.7 任务巩固与创新 /081
3.1.8 自我分析与总结 /082

任务 3.2　滚模式软胶囊机操作与维护　/083

3.2.1 任务描述 /083
3.2.2 任务学习目标 /084
3.2.3 完成任务需要的新知识 /084
3.2.4 任务实施 /089
3.2.5 思政小课堂 /094
3.2.6 任务评价 /095
3.2.7 任务巩固与创新 /095
3.2.8 自我分析与总结 /096

任务 3.3　铝塑泡罩包装机操作与维护　/097

3.3.1 任务描述 /097
3.3.2 任务学习目标 /099
3.3.3 完成任务需要的新知识 /100
3.3.4 任务实施 /104
3.3.5 思政小课堂 /106
3.3.6 任务评价 /107
3.3.7 任务巩固与创新 /107
3.3.8 自我分析与总结 /108

项目 4　粉针剂生产设备操作与维护　109

任务 4.1　立式超声波洗瓶机操作与维护　/111

4.1.1 任务描述 /111
4.1.2 任务学习目标 /111
4.1.3 完成任务需要的新知识 /111
4.1.4 任务实施 /114
4.1.5 思政小课堂 /117
4.1.6 任务评价 /119
4.1.7 任务巩固与创新 /119
4.1.8 自我分析与总结 /120

任务 4.2　螺杆分装机操作与维护　/121

4.2.1 任务描述 /121
4.2.2 任务学习目标 /121
4.2.3 完成任务需要的新知识 /122
4.2.4 任务实施 /126
4.2.5 思政小课堂 /134
4.2.6 任务评价 /135
4.2.7 任务巩固与创新 /135
4.2.8 自我分析与总结 /136

任务 4.3　西林瓶轧盖机操作与
　　　　　维护　/137
　　4.3.1　任务描述　/137
　　4.3.2　任务学习目标　/138
　　4.3.3　完成任务需要的新知识　/138

4.3.4　任务实施　/141
4.3.5　思政小课堂　/146
4.3.6　任务评价　/147
4.3.7　任务巩固与创新　/147
4.3.8　自我分析与总结　/148

项目 5　小容量注射剂生产设备操作与维护　　149

任务 5.1　安瓿拉丝灌封机操作与
　　　　　维护　/152
　　5.1.1　任务描述　/152
　　5.1.2　任务学习目标　/152
　　5.1.3　完成任务需要的新知识　/153
　　5.1.4　任务实施　/157
　　5.1.5　思政小课堂　/160
　　5.1.6　任务评价　/161
　　5.1.7　任务巩固与创新　/161
　　5.1.8　自我分析与总结　/162

任务 5.2　BFS 吹灌封生产线操作与
　　　　　维护　/163
　　5.2.1　任务描述　/163
　　5.2.2　任务学习目标　/163
　　5.2.3　完成任务需要的新知识　/164
　　5.2.4　任务实施　/170
　　5.2.5　思政小课堂　/172
　　5.2.6　任务评价　/173
　　5.2.7　任务巩固与创新　/173
　　5.2.8　自我分析与总结　/174

项目 6　大输液生产线操作与维护　　175

任务 6.1　玻瓶输液剂生产设备操作与
　　　　　维护　/177
　　6.1.1　任务描述　/177
　　6.1.2　任务学习目标　/178
　　6.1.3　完成任务需要的新知识　/178
　　6.1.4　任务实施　/183
　　6.1.5　思政小课堂　/187
　　6.1.6　任务评价　/189
　　6.1.7　任务巩固与创新　/189
　　6.1.8　自我分析与总结　/190
任务 6.2　塑瓶输液剂生产设备操作与
　　　　　维护　/191

6.2.1　任务描述　/191
6.2.2　任务学习目标　/192
6.2.3　完成任务需要的新知识　/192
6.2.4　任务实施　/195
6.2.5　思政小课堂　/198
6.2.6　任务评价　/199
6.2.7　任务巩固与创新　/199
6.2.8　自我分析与总结　/200
任务 6.3　非 PVC 膜软袋输液剂生产
　　　　　设备操作与维护　/201
　　6.3.1　任务描述　/201
　　6.3.2　任务学习目标　/202

6.3.3 完成任务需要的新知识 /202
6.3.4 任务实施 /207
6.3.5 思政小课堂 /211
6.3.6 任务评价 /213
6.3.7 任务巩固与创新 /213
6.3.8 自我分析与总结 /214

项目 7　口服液生产设备操作与维护　　215

任务 7.1　口服液灌轧机操作与维护 /217

7.1.1 任务描述 /217
7.1.2 任务学习目标 /217
7.1.3 完成任务需要的新知识 /218
7.1.4 任务实施 /221
7.1.5 思政小课堂 /228
7.1.6 任务评价 /229
7.1.7 任务巩固与创新 /229
7.1.8 自我分析与总结 /230

参考文献　　231

二维码资源目录

序号	资源名称	资源类型	页码
1	湿法混合制粒机应用技术	视频	003
2	干法制粒机组成与工作原理	视频	015
3	沸腾制粒机的结构原理	视频	023
4	压片机冲模	视频	037
5	高效包衣机的结构与原理	视频	055
6	全自动胶囊充填机组成结构与工作原理	视频	067
7	铝塑包装机的结构组成与工作原理	视频	097
8	安瓿超声波洗瓶机组成及原理	视频	111
9	螺杆分装机的组成及工作原理	视频	121
10	西林瓶轧盖机组成及工作原理	视频	137
11	安瓿洗烘灌封联动机组组成及原理	视频	152

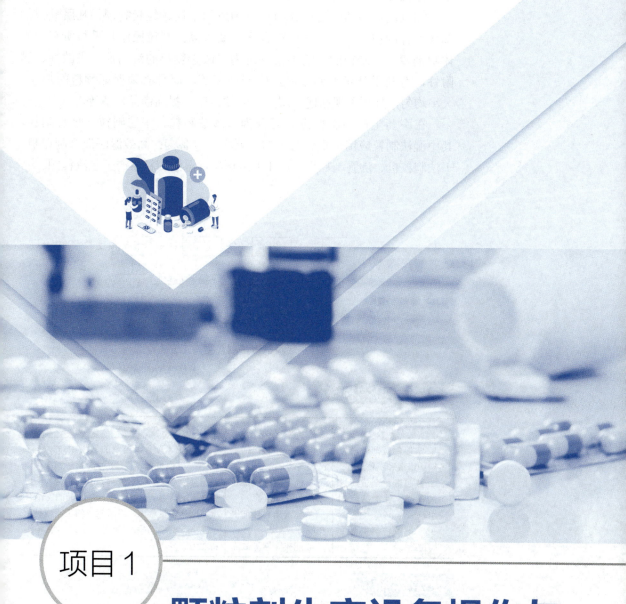

项目 1

颗粒剂生产设备操作与维护

项目导读

颗粒剂系指药物与适宜的辅料制成的干燥颗粒状制剂。凡属颗粒剂都要进行制粒,且一次性制粒合格率要求高。制粒操作几乎与所有的固体制剂相关。制粒的目的不仅仅是为了改善物料的流动性、飞散性、黏附性,有利于计量准确、保护生产环境等,而且必须保证颗粒的形状、大小均匀,外形美观和便于服用,方便携带,提高商品价值等。

在医药生产中制粒方法可分为:湿法制粒、干法制粒、喷雾制粒,其中湿法制粒应用最多。对应的主要生产设备为:高效湿法混合制粒机、干法制粒机、沸腾制粒机。图1-1是颗粒剂湿法制粒生产工艺流程图。

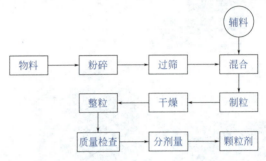

图1-1 颗粒剂湿法制粒生产工艺流程图

项目学习目标

知识目标	能力/技能目标	思政目标
1. 掌握颗粒剂生产设备结构组成和工作过程。 2. 熟悉颗粒剂生产设备的种类、性能特点和应用范围。 3. 了解颗粒剂主要生产岗位	1. 能操作颗粒剂生产设备。 2. 能常规维护保养颗粒剂生产设备。 3. 能清洁颗粒剂生产设备。 4. 能排除常见故障	1. 深挖本项目所蕴藏的敬畏生命、守法诚信、自强创新等思政元素和思政载体,弘扬社会主义核心价值观。 2. 培养学生严谨细致、一丝不苟的工作态度,强化质量意识,追求极致的工匠精神。 3. 培养学生学习、思考、总结和求真创新能力

项目实施

本项目由高效湿法混合制粒机、干法制粒机、沸腾制粒机操作与维护三个任务构成。学会这三种不同类型颗粒剂生产设备的结构组成、工作原理、标准操作、维护保养及如何排除常见故障,理解相关知识和方法之后,便可以举一反三地完成其他不同类型制粒设备的操作、保养与维护。同时,注重药德、药技、药规教育,强化学生求真务实、合规生产、团队协作精神等社会能力。

任务 1.1 高效湿法混合制粒机操作与维护

1. 湿法混合制粒机应用技术

1.1.1 任务描述

高效湿法混合制粒机是主、辅料投入到物料锅内,利用搅拌桨的强力搅拌作用使(粉)料在容器内形成轴向、径向、切向的三维运动状态,从而达到混合均匀的目的,加入黏合剂,物料通过黏合剂粘接形成母粒,在制粒刀高速切割的作用下,将母粒切割成符合要求的湿颗粒,再经制粒切刀制成颗粒。高效湿法混合制粒机如图1-2所示。由于湿法制粒可以有效地改善物料的可压性和流动性,增加物料的均匀性和湿稳定性,因此在制剂生产中运用得极为普遍。通过学习,学会高效湿法混合制粒机的操作与维护。

图 1-2 高效湿法混合制粒机整体示意图

1.1.2 任务学习目标

知识目标	能力/技能目标	思政目标
1. 掌握高效湿法混合制粒机结构组成和工作过程。 2. 熟悉高效湿法混合制粒机的种类、性能特点和应用范围。 3. 了解湿法制粒机主要生产岗位	1. 能操作高效湿法混合制粒机。 2. 能常规维护保养高效湿法混合制粒机。 3. 能排除常见故障	1. 深挖本任务所蕴藏的敬畏生命、守法诚信、自强创新等思政元素和思政载体,弘扬社会主义核心价值观。 2. 培养学生严谨细致、一丝不苟的工作态度,强化质量意识,追求极致的工匠精神。 3. 培养学生学习、思考、总结和求真创新能力

笔记

1.1.3 完成任务需要的新知识

1.1.3.1 结构

高效湿法混合制粒机是由盛料器、搅拌桨、切刀、进料口、出料口、电器控制器和机架等组成。根据结构不同可分为卧式和立式两种，其结构如图 1-3、图 1-4 所示，高效湿法混合制粒机主要部件及作用见表 1-1。

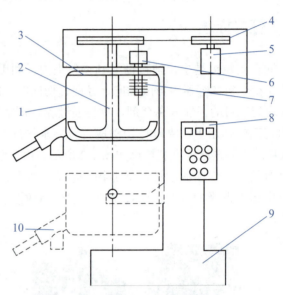

图 1-3 立式高速湿法混合制粒机结构示意图

1—容器；2—搅拌桨；3—盖；4—皮带轮；5—搅拌电机；6—制粒电机；7—制粒刀；
8—控制器；9—机座；10—出粒口

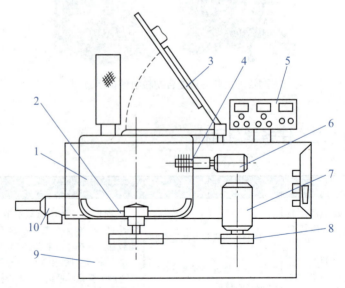

图 1-4 卧式高速湿法混合制粒机结构示意图

1—盛料器；2—搅拌桨；3—盖；4—制粒刀；5—控制器；6—制粒电机；7—搅拌电机；
8—传动皮带；9—机座；10—控制出料门

表 1-1 高效湿法混合制粒机主要部件与作用

主要部件	作用	图例
盛料锅	湿法制粒机的锅的形状和切刀密切配合,切刀带着物料高速翻转后,和锅壁的弯曲相配合	
搅拌桨	搅拌桨使颗粒翻滚、充分混合,保证制粒的均匀性。搅拌速率直接影响机械力、颗粒运动速率等重要制粒因素,对制粒效果有决定性影响,当搅拌速率较低时,物料混合不均匀	
切刀	实现均匀制粒,辅助搅拌桨共同制粒,对物料有混合切碎打击的作用,切刀的剪切速率及结构设计对于剪切效果有很大影响	
进料口	利用真空,把原料通过进料管吸入盛料锅内	
出料口	控制气动出料阀门,完成出料	

1.1.3.2 工作过程

高速湿法混合制粒机是通过搅拌器混合及高速旋转制粒刀切制,将物料制成湿颗粒的机器。具有混合与制粒的功能。

工作时需要 0.5MPa 以上的压缩空气,用于轴的密封和出料门的开闭,保证粉尘无外溢,对轴也不存在由于粉末而"咬死"的现象。盖板上有视孔可以观察物料翻动情况。有加料口,通过此口喷入黏合剂。有呼吸装置,上面扎紧一个圆柱形尼龙布套,当物料激烈翻动时容器里的空气通过布套孔隙被排出。有一个水管接口,结束后打开水的开关,水流会沿着轴的间隙进入容器内用于清洗。设备符合《药品生产质量管理规范》(GMP)的要求。

(1)预混阶段

称配好的物料,用物料周转桶通过真空或重力方式,投入物料锅内,载量以物料锅体积的50%～75%为宜。预混前,移开喷嘴,防止物料聚集在喷嘴上造成喷黏合剂时喷嘴被堵住。预混的初始阶段,主桨叶维持低速并关闭切刀,以防止物料飞扬到顶盖。快结束时,可将主桨叶预混速度调高,以保证混合的均匀度。此阶段,根据物料的批量大小,维持混合3～10min。

(2)喷黏合剂阶段

调整喷嘴与物料距离,以10～15cm为宜,并调整雾化压力和喷嘴的角度,开始喷黏合剂。此时主桨叶维持低速,切刀关闭或保持低速,并随着喷液的进行,逐渐提高主桨叶速度。喷入的黏合剂量约占总量的70%左右,明显看到物料增稠,体积缩小约20%～40%。此阶段粒径平均为50～100μm,有没湿透的物料,但没有大的团块。可视物料量的多少维持喷浆和混合5～15min。

根据物料塌陷的高度,调整喷嘴与物料的距离;主桨叶维持高速,切刀根据大团块的数量可开高速或不开,喷入剩下的30%黏合剂。这一阶段是颗粒的主要增长阶段,颗粒会从50～100μm增加到100～400μm,大约50%～80%的颗粒会达到希望的粒径,会有1%～2%的大团块出现,细粉量约2%～5%。物料在锅壁呈现瀑布式回旋运动,温度会上升,物料和设备发出的声音也会有所改变。此阶段视物料量的多少维持3～10min。

(3)湿颗粒形成阶段

喷液结束后,主桨叶和切刀同时高速运转,剪切大的物料团,使之成为椭圆形颗粒,并伴随着物料温度升高。大约有90%的颗粒在这一阶段形成,但仍有1%～2%的细粉不能达到希望的粒径。此阶段可根据不同的方法来判断终点的到达,如时间法、安培法、扭矩法等,防止颗粒过于黏稠和制粒过度。本过程视物料的批量维持几分钟,湿颗粒即制成,进入下一步的干燥工艺操作。

混合机的出料机构是一个气动活塞门。它受气源的控制来实现活塞门的开启或关闭(见图1-5)。当按下"开"的按键时,二位五通电磁阀接通左半的气路,即压缩空气从B口进入,推动活塞将门打开,物料可以从圆门处排出容器之外;当按下"关"的按键时,压缩空气从A口进入,活塞由左向右推动,此时容器的门关闭。

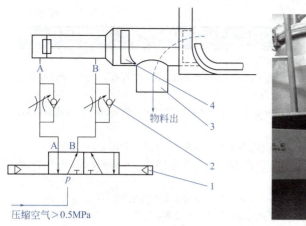

图 1-5 出料机构
1—电磁阀；2—节流阀；3—出料口；4—活塞

1.1.4 任务实施

1.1.4.1 高效湿法混合制粒机操作

我国药品生产企业在《中国制造 2025》政策的指导和推动下，制药设备由传统手工操作向自动化、信息化、智能化转型，表现在高效湿法混合制粒机上就是采用 PLC（可编程逻辑控制器）控制，变频调速，全部操作可根据用户要求设定的工艺参数自动完成，大大提高生产效率，降低劳动成本。人工操作只是作为一种辅助手段被保留下来。

高效湿法混合制粒机操作与清洁规范见表 1-2。

表 1-2 高效湿法混合制粒机操作与清洁规范

项目	操作与清洁
开机前检查	1. 检查搅拌桨、切刀是否清洁、是否正常。 2. 检查快速搅拌机托架手柄转动是否正常
点动	点动检查搅拌桨和切刀旋转是否正常，检查真空度、压缩空气压力是否正常
触摸屏操作	1. 开机出现登录界面，在"操作工"权限下进入"生产控制"界面，设置生产参数。 2. 选择配方，选择自动运行。 3. 按"运行"键，设备按照预先设置好的配方程序进行自动运行和参数控制，运行结束后终止所有动作
手动操作	1. 在面板中选择配方，选择手动运行。 2. 干混：先预设混合时间（一般 1~3min），按动搅拌键，搅拌桨开始工作，直至搅拌桨自动停止。 3. 制软材：设置搅拌时间（0.5~3min），将一定量的黏合剂分次加入锅体内，按动搅拌键，搅拌桨开始工作，搅拌直至软材物料黏度达到要求。 4. 制粒：物料搅拌符合黏度要求后，按动搅拌键，按切刀键，设置制粒时间（0.5~2min），使锅内搅拌桨叶在快速搅拌物料的同时，制粒刀快速制粒。 5. 出料：按出料阀键，将符合要求的颗粒转出锅体，完成制粒工序

续表

项目	操作与清洁
清洁	不同品种、不同批号之间的清洁： 1. 关闭出料阀门，把三通球阀旋转至通水位置，观察水位到混合器的制粒刀部位，再转换至通气位置； 2. 关闭物料锅盖，开启搅拌电机和切碎电机运转约2min，打开物料锅盖，用水刷洗内腔； 3. 打开出料阀门放净水，如此反复洗涤2～3次，至无残留药粉即可； 4. 取下物料锅盖上的滤袋用清洁剂洗净后，用纯化水清洗2次，烘干后，装回原处； 5. 物料锅用纯化水冲洗2次，用干净的抹布将锅内擦干； 6. 先用饮用水、后用纯化水冲洗出料口2遍；用饮用水、纯化水湿润的抹布分别擦拭出料口及设备表面，做到无水渍痕迹； 7. 生产前用75%的酒精对接触药品的部位进行消毒。 不同品种之间的清洗： 8. 先进行"1～7"项的操作； 9. 卸下搅拌桨及切刀，送至清洗间；取下滤袋，用饮用水洗净后，用纯化水清洗2遍； 10. 先用饮用水冲洗物料锅至表面无残留物后，再用纯化水冲洗2遍，用干抹布擦干； 11. 物料锅内壁擦干净后，再将搅拌桨、切刀装回原位，挂上"已清洁"状态标识； 12. 填写记录，挂上"已清洁"状态标识

1.1.4.2 高效湿法混合制粒机维护与保养

药品生产设备的维护与保养是操作人员的重要工作内容之一。一台精心维护的设备往往可以长期保持良好的性能而无需进行大修，如忽视维护与保养就可能导致设备在短期内损坏，甚至发生事故。药品生产企业应对所有操作人员进行设备操作的理论和实操培训，确保操作人员能够按照规定的要求，正确、规范地操作设备。

（1）主搅拌密封机构（见图1-6）

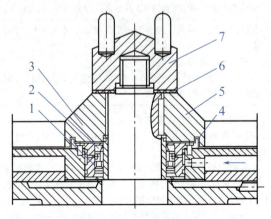

图1-6 主搅拌密封机构
1,2—密封环；3—密封组件；4—螺钉；5—搅拌桨；6—垫片；7—螺母

为保证密封效果,应每天检查气压,压力低于 0.5MPa 时,机器不能启动。对于密封机构,应每换一次产品清洗一次,或者每周清洗一次,在清洗物料锅后进行。清洗步骤如下:

① 旋下螺母 7(向左旋)。
② 拆掉垫片 6,用取浆器取下搅拌桨 5。
③ 松开并退下螺钉 4 后,再退下密封组件 3。
④ 用纯净的压缩空气吹干净密封腔或用刷子和清水洗干净密封腔。如在机器上用清洗液清洗,清洗液可从排泄管排出。
⑤ 在密封干燥后,在轴密封环 1 和 2 的凸缘上涂与产品相符的润滑剂。
⑥ 按上述相反顺序组装。如需更换密封,按上述步骤进行。

(2)减速器(见图 1-7)

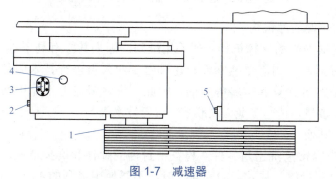

图 1-7 减速器
1—皮带轮;2—固定螺钉;3—油标;4—螺钉;5—调节螺钉

① 检查皮带的磨损和张紧情况,如有必要,可用调节螺钉 5 进行调节。
② 减速器加 90# 机油,启用两个月后换一次油,以后每半年换一次油。可按下述步骤进行:
a. 拆掉前部下面板。
b. 旋下固定螺钉 2,打开放油孔,把油放到容器中。放完油后,拧紧固定螺钉 2。
c. 旋下螺钉 4,用软管插入孔内加油。
d. 观察油标 3,当油面达到油标后,停止加油。
e. 拧紧螺钉 4,并安装好面板。
注意:加油时,油面不得超过油标,超过时,必须放掉。

(3)切碎部分(见图 1-8)
这一部分应定期拆开清洗,加润滑油。可按下述步骤进行:
① 在物料锅内拆掉螺母、刀片、垫套等。
② 旋下通水、通气管 1。
③ 旋下螺钉 3,卸下电机 2。
④ 旋下螺钉 5,将法兰 4 连同其他零件一起取下。
⑤ 清洗密封腔 6,并对两个轴承加润滑油。
⑥ 按上述相反顺序安装。安装时要注意保护好密封圈,防止损坏。

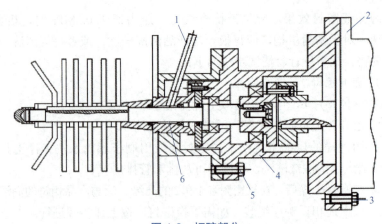

图 1-8 切碎部分
1—通气管；2—电机；3,5—螺钉；4—法兰；6—密封腔

(4) 平衡支撑机构

物料锅的平衡支撑机构一般不用维修。因为其中有高压零件，未经允许不得拆卸。如需更换零件，建议由专业人员进行技术服务。另外，支撑力是经过计算和试验确定的，因此，物料锅盖上不能再增加重量。如需增加重量，请与专业人员联系，进行技术服务。

(5) 其他

① 应经常清洗密封零件，检查密封件的弹性和磨损情况，必要时，更换新的密封件。装入新的密封件时，不要使用锋利的工具。对于螺钉与螺母的连接部分，要定期检查，防止松动。要保护好机器的外表，防止碰撞及划伤而影响机器的美观。

② 应经常观察设备后下板上的两个漏水孔，这两个漏水孔与搅拌密封和切碎密封的排水管相连，当漏水孔出现漏水时，说明搅拌和切碎的密封圈有损坏，应及时更换。

③ 清洗整机时，对该机的操作箱和电器箱不要用水直接冲洗。

④ 工作完毕，注意关掉电源。维修时，注意接线顺序和密封。

⑤ 清洗出料部分时，出料门应开到最大位置。

1.1.4.3 高效湿法混合制粒机常见故障及排除方法

设备操作人员应熟悉所用设备特点，懂得拆装注意事项及鉴别设备正常与异常现象，会进行一般的调整和简单的故障排除，自己不能解决的问题要及时上报，并协同维修人员进行排除。

高效湿法混合制粒机常见故障及排除方法见表 1-3。

表 1-3 高效湿法混合制粒机常见故障及排除方法

故障现象	原因分析	排除方法
系统提示压力低，检查压缩空气	1. 气源故障； 2. 管路系统漏气； 3. 气压传感器故障	1. 检查维修气源； 2. 检查并重新连接； 3. 更换

续表

故障现象	原因分析	排除方法
系统提示检查缸盖是否关闭到位	缸盖传感器或线路故障	更换传感器或检查线路
系统提示检查出料口料门是否关闭到位	1. 出料门有积料； 2. 出料门到位传感器故障； 3. 出料气缸故障	1. 清除积料； 2. 更换； 3. 维修或更换
系统提示检查进水开关状态	1. 进水开关泄露； 2. 水压开关泄露	1. 维修或更换； 2. 更换
系统提示安全保护状态！检查出料口清洗门是否关闭	出料门清洗盖传感器故障	更换
系统提示搅拌电机过载，检查搅拌电机变频器	1. 电源故障（缺相等）； 2. 变频器故障； 3. 电机故障	1. 检查排除； 2. 查阅变频器技术手册； 3. 查阅电机技术手册
系统提示制粒电机过载，检查制粒电机变频器	1. 电源故障（缺相等）； 2. 变频器故障； 3. 电机故障	1. 检查排除； 2. 查阅变频器技术手册； 3. 查阅电机技术手册
真空上料时不能加料	1. 真空管道泄漏； 2. 负压表设定过高	1. 检查并重新安装连接； 2. 重新设定
系统提示整粒电机过载，检查整粒电机变频器	1. 电源故障（缺相等）； 2. 变频器故障； 3. 电机故障	1. 检查排除； 2. 查阅变频器技术手册； 3. 查阅电机技术手册

1.1.5 思政小课堂

"食药安全无小事，食药安全大于天"。药品安全是关系到国计民生和大众生命健康的大事，人类社会曾经历过几次较大的药物灾难，特别是20世纪出现了最大的药物灾难"反应停"事件后，公众要求对药品实行严格的法律监督。

（1）未取得《药品生产许可证》进行药品生产如何处罚？

《中华人民共和国药品管理法》（以下简称《药品管理法》）第七十三条规定：未取得《药品生产许可证》《药品经营许可证》或者《医疗机构制剂许可证》生产药品、经营药品的，依法予以取缔，没收违法生产、销售的药品和违法所得，并处违法生产、销售的药品（包括已售出的和未售出的药品，下同）货值金额二倍以上五倍以下的罚款；构成犯罪的，依法追究刑事责任。

（2）生产、销售假药的如何处罚？

《药品管理法》第七十四条规定：生产、销售假药的，没收违法生产、销售的药品和违法所得，并处违法生产、销售药品货值金额二倍以上五倍以下的罚款；有药品批准证明文件的予以撤销，并责令停产、停业整顿；情节严重的，吊销《药品生产许可证》《药品经营许可证》或者《医疗机构制剂许可证》；构成犯罪的，依法追究刑事责任。

《药品管理法》第七十五条规定：生产、销售劣药的，没收违法生产、销售的药品和违法所得，并处违法生产、销售药品货值金额一倍以上三倍以下的罚款；情节严重的，责令停产、停业整顿或者撤销药品批准证明文件，吊销《药品生产许可证》《药品经营许可证》或者《医疗机构制剂许可证》；构成犯罪的，依法追究刑事责任。

（3）从事生产、销售假药及生产、销售劣药的如何处罚？

《药品管理法》第七十六条规定：从事生产、销售假药及生产、销售劣药情节严重的企业或者其他单位，其直接负责的主管人员和其他直接责任人员十年内不得从事药品生产、经营活动。

对生产者专门用于生产假药、劣药的原辅材料、包装材料、生产设备，予以没收。

作为医药人，我们不应该把做药、卖药当作纯粹的商业行为，我们身上还肩负着造福于民，为人类健康做贡献的使命，无数医药人都应该一天天、一步步地做实事，用良心做好药！

1.1.6 任务评价

任务	项目	分数	评分标准	实得分数	备注
看示意图认知高效湿法混合制粒机结构	主要部件	20	不合格不得分		
掌握高效湿法混合制粒机工作过程		20			
简述高效湿法混合制粒机制软材过程	搅拌桨	20			
简述高效湿法混合制粒机制粒步骤	制粒刀	20			
简述湿颗粒出料操作顺序	出料系统	20			
总分		100			

1.1.7 任务巩固与创新

1. 高效湿法混合制粒机制粒质量，其决定因素有哪些？

2. 查阅相关资料，自学分析高效湿法混合制粒机搅拌桨类型有哪些？

1.1.8　自我分析与总结

| 学生改错 | 学生学会的内容 |

学生总结：

任务 1.2　干法制粒机操作与维护

2. 干法制粒机组成与工作原理

1.2.1　任务描述

药品制粒过程中，会遇到不能湿法制粒的情况。比如，有些药物热敏性强，有些中药提取物密度达不到要求，又不能加黏合剂，这就需要通过干法制粒机来完成制粒。干法制粒机如图 1-9 所示。干法制粒省略了加湿和干燥工序，无需添加黏合剂，所以制粒过程既节能又无污染，是一种投入少、效率高，节省人力、物力、财力的节能环保型设备。通过学习，学会干法制粒机操作与维护。

图 1-9　干法制粒机整体示意图

1.2.2　任务学习目标

知识目标	能力 / 技能目标	思政目标
1. 掌握干法制粒机结构组成和工作过程。 2. 熟悉干法制粒机的种类、性能特点和应用范围。 3. 了解干法制粒机主要生产岗位	1. 能操作干法制粒机。 2. 能常规维护保养干法制粒机。 3. 能排除常见故障	1. 深挖本任务所蕴藏的守法诚信、自强创新等思政元素和思政载体，弘扬社会主义核心价值观。 2. 培养学生严谨细致、一丝不苟的工作态度，强化质量意识，追求极致的工匠精神。 3. 培养学生学习、思考、总结和求真创新能力

1.2.3 完成任务需要的新知识

1.2.3.1 结构

干法制粒机是由盛料器、送料机构、压制装置、制粒装置、整粒装置、出料口和冷却装置、电器控制器和机架等组成。干法制粒机按照压辊的分布，分为水平排列和垂直排列两种类型，图1-10是水平排列式压辊，干法制粒机主要部件与作用见表1-4。

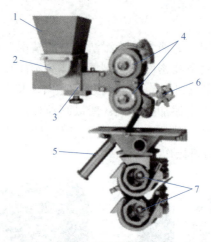

图1-10 水平排列式压辊

1—盛料器；2—螺旋搅拌器；3—推料装置；4—压辊；5—未压实物料分离装置；6—预粉碎装置；7—制粒装置

表1-4 干法制粒机主要部件与作用

主要部件	作用	图例
送料机构	由送料电机、同步带轮、料筒、螺杆等组成。送料电机通过同步带传动带动螺杆将物料向两压轮间推进。螺杆转速可通过变频器调节，与压片机构的转速根据药物不同合理搭配	
压片机构	由两压轮、侧密封板、刮刀等组成，旋向相反的两压轮将螺杆送过来的物料挤压成片状。两侧密封板紧贴在压轮上，防止物料从两侧泄漏。刮刀贴压在压轮上，将粘在压轮上的粉末刮干净。压轮采用冷却水循环制冷	
制粒装置	由粉碎刀、粉碎箱、筛网等组成。粉碎电机通过变频调速调节粉碎刀的转速，将压好的片带切成小块，直接掉入整粒箱中	

续表

主要部件	作用	图例
冷却装置	采用自来水或冷却水，通过旋转接头循环冷却装置强制冷却压轮产生的挤压热。压轮温度控制在 20～45℃，水源一般可用自来水，水质要求清洁。否则污垢容易堵塞通道，影响正常生产，在特殊情况下可用冷却水	

1.2.3.2 工作过程

干法制粒机是利用物料本身的结晶水，通过机械挤压直接对原料粉末进行压缩→成型→破碎→造粒的一种制粒设备。加料的速率对最终制粒的效果非常关键，有时为达到所需要的密度，也需要反复碾压。

（1）供料

料筒内的物料，通过搅拌器的搅动，排除空气的同时，稳定地为螺旋送料器供料。物料在旋转螺杆的带动下，使物料在前移过程中逐渐脱气，并将提高密度后的物料强制送入压辊。

（2）压片

通过一对液压油缸推动，旋向相反的压辊，把物料轧制成薄片，并再次完成脱气工作。

（3）制粒

轧好的薄片经过剪切式破碎机的刀齿，切成易于整粒的碎片后落入整粒机。

（4）整粒

碎片被整粒刀强制挤出筛板。挤出的颗粒经筛分后，即可获得流动良好、易于服用的颗粒。

合格颗粒由真空上料机输送到成品仓，筛下的细粉则通过真空上料机再返回加料斗中循环制粒。

1.2.4 任务实施

1.2.4.1 干法制粒机操作

干法制粒机操作与清洁规范见表 1-5。

1.2.4.2 干法制粒机维护与保养

药品生产设备的维护与保养是操作人员的重要工作内容之一。一台精心维护的设备往往可以长期保持良好的性能而无需进行大修，如忽视维护与保养就可能导致设备在短期内损坏，甚至发生事故。药品生产企业应对所有操作人员进行设备操作的理论和实操培训，确保操作人员能

表 1-5　干法制粒机操作与清洁规范

项目	操作与清洁
开机前检查	1. 检查螺旋送料器、压辊、制粒刀是否清洁、是否正常。 2. 检查机器供水、回水压力是否正常
点动	点动检查水、油、气系统无泄漏，依次起动除尘电机、制粒电机、压片电机、送料电机。机器运行过程中，如有异响或猛烈振动，按急停按钮停机
触摸屏操作	1. 开机出现登录界面，在"操作工"权限下进入"生产控制"界面，设置送料、压片、制粒电机的频率参数。 2. 选择自动运行，设定好送料、压片、制粒电机的频率，按启动键即可，机器按设定好的参数运行
手动操作	1. 在面板中选择配方，选择手动运行。 2. 生产开始：油泵启动→风机启动→制粒启动→压片启动→送料启动→分别设置压片、送料、制粒变频器频率。 生产结束：送料停止→压片停止→制粒停止→风机停止→油泵停止→泄压→按急停按钮
清洁	同品种、不同批号之间的清洁： 1. 卸下漏斗、压轮两侧的侧密封板，前后顶板，防尘圈；取下粉碎刀和整粒转笼，用饮用水冲洗，用纯化水冲淋，再用消毒剂消毒，用纯化水洗净，烘干后，装回原处。 2. 有些部件不需取下，以免安装误差。比如，送料螺杆、轴承等一般只需湿布擦拭即可。 3. 填写记录，挂上"已清洁"状态标识

够按照规定的要求，正确、规范地操作设备。

(1) 干法制粒机的维护

① 刮刀与压轮　刮刀与压轮的间隙如果偏大，如遇黏性大的药品就会引起刮片效果不良，因此就要调小其间隙。

方法是：拧松固定刮刀的两个内六角螺丝（一般螺丝不需要拧下，拧松即可），慢慢将刮刀往下移，一般对于粘辊的材料，刮刀与压轮的间隙一般控制在 0.2～0.5mm；对于不粘辊的材料，刮刀与压轮的间隙一般控制在 0.5～1mm。

停机前先停止加料，待 10min 后或不再出料后再停机；旋松出料钮，出料门打开。

② 液压系统　液压系统一般设置在 3～4MPa，压轮压力的调整要视各种药品的耐压能力而定，不易压合的矿物质及塑料等压力相对要调得高一些，最高可调至 7MPa，对生物类及中药而且对热与压力都较敏感的药品其压力就要尽量调低，一般 2～3MPa 即可。

③ 振动分筛网　振动分筛机上安装两张筛网：上筛网为粗网，一般为 20～30 目；下筛网为细网，一般为 60～80 目。筛网孔径大小视颗

粒要求而定：用于压片的颗粒一般上筛网选装 20 目，而下筛网选装 80 目；用于胶囊填充的颗粒一般上筛网选装 16 目，而下筛网选装 60 目；用于冲剂的颗粒一般上筛网选装 16 目，而下筛网选装 40 目。

④ 冷却水　普通药品，温度在 10℃ 左右；热敏药品，温度在 5℃ 左右。

（2）干法制粒机的保养

① 压轮表面粘有物料，不能用金属工具强行清除，以免破坏压轮表面。

② 每生产半年润滑部分清洗更换油和油脂（液压油和齿轮油），每三年大修一次。

③ 运行 2000h，电机轴承清洗（用煤油），换加新油一次。

④ 如果设备长时间不用的话，每半个月将设备空运转半小时，特别是液压系统、升降系统，以免密封圈老化。

1.2.4.3　干法制粒机常见故障及排除方法

设备操作人员应熟悉所用设备特点，懂得拆装注意事项及鉴别设备正常与异常现象，会进行一般的调整和简单的故障排除，自己不能解决的问题要及时上报，并协同维修人员进行排除。

干法制粒机常见故障及排除方法见表 1-6。

表 1-6　干法制粒机常见故障及排除方法

故障现象	原因分析	排除方法
片料太松	压力低或送料过快、过少	加压，或降低压片电机转速或加快送料电机转速
片料太硬	压力大或送料过多、过慢	降低压力，或加快压片转速，或降低送料电机转速。两轮间隙为 0.5～2mm
堵料	送料速度过快或压轮转速过慢	拧开漏斗座螺栓，漏斗向上升，取出堵料，调慢送料螺旋转速、调快压轮转速
送料有困难	物料太湿太黏	检查物料配比及含水量
粉尘飞扬太多	1. 检查除尘风机运转是否正常； 2. 检查布袋是否堵塞	1. 检查风机； 2. 更换
压片较好，制粒后细粉太多	1. 检查转笼是否堵料； 2. 检查制粒速度是否太快	1. 维修或更换； 2. 转笼与筛网间的间隙以 0.5～1mm 为佳

1.2.5　思政小课堂

高效湿法混合制粒机的搅拌桨有顶驱动和底驱动两种类型，本次任务中干法制粒机物料输送有竖直给料和水平给料两种类型。所以在选用药物制剂设备时，为满足药品质量，必须根据物料特性、生产工艺流程、生产环境等因素，选择生产用设备。

"药品质量源于设计"就是说在药品质量控制方面,生产工艺的变更是有限的,"设计空间"却是无限的,而设计的灵感来源于生活的积累。比如,在药剂设备上应用的机械手,抓取移动药品有轻柔快速的特殊要求,以保证药品的质量,其设计灵感来源于自然界中的软体动物。

同学们在学习和工作实践中,要重视基础知识、重视积累。知道每一个药剂设备机构的作用,才能掌握设备的整体结构、原理、操作、调试、维护、维修。

1.2.6 任务评价

任务	项目	分数	评分标准	实得分数	备注
看示意图认知干法制粒机结构	主要部件	20	不合格不得分		
简述干法制粒机工作过程		20			
简述干法制粒机压轮维护方法	压轮	20			
简述干法制粒机制粒装置结构组成	制粒刀	20			
简述干法制粒机冷却系统的作用		20			
总分		100			

1.2.7 任务巩固与创新

1. 干法制粒机制粒质量，其决定因素有哪些？

_____

_____

2. 查阅相关资料，自学分析干法制粒机压辊的类型和作用有哪些？

_____

_____

_____

1.2.8 自我分析与总结

| 学生改错 | 学生学会的内容 |
|---|---|// (layout note: two boxes side by side)

学生改错

学生学会的内容

学生总结：

任务 1.3 沸腾制粒机操作与维护

3.沸腾制粒机的结构原理

1.3.1 任务描述

沸腾(一步)制粒机是一种流化床技术和喷雾技术结合为一体的新型制粒工艺设备。该机的特点为：集混合、制粒、颗粒包衣、干燥功能于一体，能直接将粉末物料一步制成颗粒。在一个设备中，将颗粒物料堆放在分布板上，当气流由设备下部通入床层，随着气流速度加大到某种程度，固体颗粒在床内就会产生沸腾状态，这种床层就称为流化床或沸腾床，图 1-11 是沸腾制粒机示意图。通过学习，学会沸腾制粒机操作与维护。

(a) 外形图

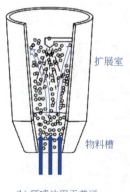

(b) 顶喷法用于普通流化床制粒包衣机

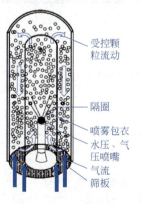

(c) 底喷法用于伍斯特气流悬浮柱

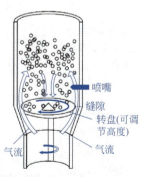

(d) 切线喷法用于旋转流动床包衣机/制粒机

图 1-11 沸腾制粒机示意图

1.3.2 任务学习目标

知识目标	能力/技能目标	思政目标
1. 掌握沸腾制粒机结构组成和工作过程。 2. 熟悉沸腾制粒机的种类、性能特点和应用范围。 3. 了解沸腾制粒机主要生产岗位	1. 能操作沸腾制粒机。 2. 能常规维护保养沸腾制粒机。 3. 能排除常见故障	1. 深挖本任务所蕴藏的守法诚信、自强创新等思政元素和思政载体，弘扬社会主义核心价值观。 2. 培养学生严谨细致、一丝不苟的工作态度，强化质量意识，追求极致的工匠精神。 3. 培养学生学习、思考、总结和求真创新能力

1.3.3 完成任务需要的新知识

1.3.3.1 结构

沸腾制粒机外观为圆柱形容器，主要结构由空气处理单元、物料槽、扩展室、过滤袋、喷液系统（黏合剂制备罐、蠕动泵、喷枪）和控制系统等组成。

容器由上、中、下三个筒体组成，上筒装有捕集除尘装置，通过气缸往复运动实现振动除尘；下筒为锥形物料槽，槽壁有一定角度，保证物料流化状态很强烈；中筒为扩展室，比料槽大得多，流化要弱些。物料由于重力作用和向上气流作用在物料槽和扩展室往复运动，颗粒悬浮在热干燥空气中，受热均匀、干燥效率高。图1-12为沸腾制粒机工艺流程示意，沸腾制粒机主要部件与作用见表1-7。

表1-7 沸腾制粒机主要部件与作用

主要部件	作用	图例
顶喷锅体（冲孔、丝网、开槽式底盘）	顶喷制粒。气流通过产品床体垂直上升，顶部喷枪喷射气液	
底喷锅体（伍斯特）	底喷包衣。伍斯特系统由一注高速气流触发，喷嘴仅达到管道内部一小部分产品中	

续表

主要部件	作用	图例
ORBITER 空气分布器锅体	锅体内既有水平气流也有垂直气流,增大了流化床内气体和产品的接触时间,喷射方向跟着产品运动	
喷枪	喷枪位置、喷液速度,都会对制粒产生影响;此外,注意多喷嘴形式每个喷嘴的喷液范围不可重叠,否则会造成黏合剂局部过量	

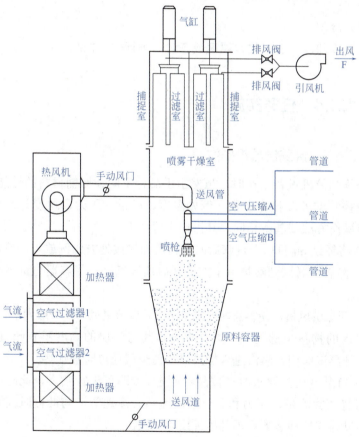

图 1-12 沸腾制粒机工艺流程示意

1.3.3.2 工作过程

制粒用的溶液黏合剂通过喷枪喷洒在悬浮在空气流中的粉粒上,在控制条件下,粉粒逐渐聚积成颗粒,然后加入润滑剂,使成为适于压缩的片剂颗粒。沸腾制粒机制成的颗粒成品质量与效能受黏合剂的加入速度、流动床温度、悬浮空气的温度、流量和速度的影响。

（1）物料预热

由于开始时物料细粉率极高、静电也比较大，在保证物料流化状态下采用较低的进风风量，流化床的抖袋频率尽可能高一点；物料温度因产品性质和生产批量的不同略有不同，一般在45～50℃。

（2）喷液

喷液开始阶段，物料的粒径逐渐由小变大，为了保证流化状态，可以对进风风量进行相应调整（风量由小到大）；过滤袋的抖袋频率，开始喷液时可以设置得相对较高，等物料逐渐成颗粒时可以降低抖袋频率和时间。喷液阶段一般是以时间进行生产控制。

（3）干燥

喷液结束后，对物料进行干燥，干燥温度不可过高，否则容易造成过干燥。

（4）冷却

静置冷却，一般以物料温度或者时间进行生产控制。

1.3.4 任务实施

1.3.4.1 沸腾制粒机操作

沸腾制粒机设备工作时，虽然由于品种不同、原辅材料的性能各异，因而所控制的各项技术参数（例如温度、风量、压力、粒度等）也不一致，但操作方法却基本相同。其操作步骤如下。

① 将经过60目以上过筛后的原料及辅料按处方比例放入盛料器中。

② 将盛料器推到喷物室下方，开启顶升气缸，将容器与机体上下紧密联结。

③ 开启引风机，使容器内形成负压，并调节进风口，一般为1～3m/s，使容器内的物料呈沸腾状，充分混合，其沸腾层的高度不宜超过喷嘴，同时打开蒸汽阀门，蒸汽进入加热器，使空气通过时被加热。

④ 当温度达到要求时（按品种而定），即可进行喷雾，此时应控制好压缩空气的流量、压力和黏合剂的流量、流速等，与此同时需开动过滤室的过滤袋反冲装置每隔几秒钟反吹一次。

⑤ 在喷雾过程中，物料温度、出风温度下降，当下降到一定值时应停止喷雾，以防粘壁或沉结。待物料温度回升到原值时，重新开始喷雾。按此周期反复进行，直至将黏合剂喷完为止，然后进入最后的干燥阶段。若能将黏合剂的喷雾量调节到与蒸发量相接近时，则可连续喷雾，以提高效率。

⑥ 在干燥过程中，应控制出口温度的变化，当物料的温度达到规定值时，即可停止干燥，此时应关闭加热器的蒸汽阀门及引风机的开关。

⑦ 将顶升气缸降下，容器拉离床体，并将物料整粒后送入 V 形混合机内，加入润滑剂整批混匀即可。

1.3.4.2 沸腾制粒机维护与保养

（1）流化床

盛料容器的底即流化床，是一个布满开孔的不锈钢板或有间隙多圆环，容器内的装量要适量，不能过多或过少，一般装量为容器的 60%～80%。孔板使用时要避免堵塞，如发生堵塞，粉料流化时就会发生沟流现象，造成流化不良，应及时清洗。气流上升时要保证通过均匀的流量，避免造成"紊流或沟流"。从主机上的视镜观察流化状态，一般流化高度以 800mm 为宜。在制粒过程中，要经常观察流化状态，对温度适应范围小的物料更应如此，一旦发现原料容器内物料发生沟流、结块或塌床等现象时应立刻启动鼓造按钮，指示灯亮后，无论机器原来工作状态如何，都将自动进行鼓造程序。当观察到流化态恢复正常状态后，启动干燥按钮，机器又恢复到干燥自动工作程序，一段时间后，又可启动喷雾按钮，执行喷雾自动工作状态。

（2）定量喷雾系统

定量喷雾系统由喷枪、螺杆泵、管路、阀门等组成。

喷枪是制粒机的关键部件，使用不当，不但制粒不理想，严重时还会导致制粒失败。如图 1-13 所示，喷枪的枪体 1 有两个接口，一个是液体进口，另一个是压缩空气进口。在枪体右边的连接体 2 上有一个控制压缩空气气流的接口，此气流由电磁气阀的通路来提供。再右边是气缸 3，中间有一个活塞 4，活塞中间装一根针阀杆 7，其左端与阀座 8 配合紧密，右端与活塞 4 相连。最右端的调节螺丝 5 可调节针阀杆和阀座之间的间隙大小，控制流量。当控制气源进入喷枪后，压缩空气将活塞往

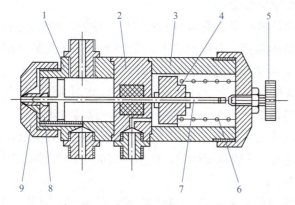

图 1-13 喷枪结构示意图

1—枪体；2—连接体；3—气缸；4—活塞；5—调节螺丝；6—弹簧；
7—针阀杆；8—阀座；9—调节帽

右推，以此来克服弹簧力，带动针阀杆右移而将喷枪口的液体通道打开，液体从枪口喷出。在阀座的外边套有空气调节帽9。喷枪工作时，压缩空气从帽与阀座的间隙冲出，使液体雾化成圆锥形。调节帽可调节喷液的角度，以确定喷液所覆盖的面积。喷枪的位置，喷雾过程中所采用的黏合剂的种类、浓度、喷液含量以及空气压力等，都会对颗粒形成产生影响，因此要综合调节这些可变的参数，以保证制粒的质量。

调节喷枪调节帽9，可进行空气量大小的调节，反时针旋转，空气量增大；顺时针旋转，空气量减少。空气压力由减压阀调节，一般为$0.25\sim0.4$MPa，但雾化空气量与流化空气量相互影响，操作中两者应综合考虑。

喷枪的使用与清洗：喷枪使用时先开雾化，后开喷浆；先关喷浆，后关雾化。每次喷枪使用完毕，需加温热水在料桶内开动泵进行清洗，以免发生堵塞。

（3）空气加热过滤部分

空气有两个口，一个是空气进入口，另一个是空气排出口。进气口、排气口均有风门调节装置，可调节气流大小以控制物料运动状态、温度等参数。过滤器应根据使用情况按时清理或调换，保证进入容器内空气的洁净度。在加热器的后部有温度传感元件，它是控制温度的最前沿部件，根据元件感温情况及操作者自设定温度，通过控制仪器执行蒸汽阀门的启闭，以达到控制加热温度的目的。由于蒸汽加热时，温度的升高和降低有一个时间过程，因此操作者在设定和控制时间时，应注意温度变化有一个"滞后"的过程。最低点配有用快开连接的排水口，由于管道内外的温度差以及散热冷却等过程，管道中空气的水分有可能凝聚下来造成最低部位积水，因此应按时从排水口排除积水，以保持管道内干燥。过滤器一旦堵塞，将造成进风量严重不足，以致流化恶化，因而每$2\sim3$个月应清洗或更换过滤器。

（4）捕集除尘系统

捕集装置是多只用尼龙布做成的圆柱形滤袋，材料为抗静电涤纶布，采用整体吊装的形式，分别套在对应的圆形框架上扎紧而组成。带有少量粉末的气流从袋外穿过袋网孔经排气口，再经风机排出，而粉末被集积在袋外。布袋上方装有"脉冲反吹装置"，定时由压缩空气轮流向布袋吹风，使布袋抖动，将布袋上的细粉抖掉，保持气流畅通。细粉降下后与湿润的颗粒或粉末凝聚。定期（如每月）对中效过滤袋清洗一次，从沸腾机风口进入，松脱框架螺丝，取出网袋先用清洁剂浸泡30min，再用清水冲洗、烘干。

容器的顶部都是安全盖，整个顶部装有两个半圆盖，正常工作时，两盖靠自身重量将口压紧；若筒内正压较大，气压将安全盖顶开自动泄压。容器内还装有静电消除装置，粉末摩擦产生的静电可及时消除。

1.3.4.3 沸腾制粒机常见故障及排除方法

设备操作人员应熟悉所用设备特点，懂得拆装注意事项及鉴别设备正常与异常现象，会进行一般的调整和简单的故障排除，自己不能解决的问题要及时上报，并协同维修人员进行排除。

沸腾制粒机常见故障及排除方法见表1-8。

表1-8 沸腾制粒机常见故障及排除方法

故障现象	原因分析	排除方法
流化状态不佳	1. 长时间没有抖袋，布袋上吸附的粉末太多； 2. 滤袋可能未锁紧； 3. 床层负压过高，粉末吸附在滤袋上； 4. 各风道发生阻塞，风道不畅通； 5. 油雾器缺油	1. 检查过滤袋抖动气缸； 2. 检查锁紧装置； 3. 调小风门的开启度，抖动过滤袋； 4. 检查并疏通风道； 5. 油雾器加油
排出空气中的细粉末过多	1. 滤袋破裂； 2. 床层负压过高将细粉抽出	1. 检查过滤袋，如有破口、小孔等必须更换后方能使用； 2. 调小风门的开启度
制粒时出现沟流或死角	1. 颗粒水分含量太高； 2. 湿颗粒进入原料容器内置放过久； 3. 温度过低	1. 降低颗粒水分； 2. 先不装足量，等其稍干后再将湿颗粒加入；颗粒不要久置于原料容器中；启动鼓造按钮将颗粒抖散； 3. 升温
干燥颗粒时出现结块现象	1. 部分颗粒在原料容器中压实； 2. 抖动过滤袋周期太长	1. 启动鼓造按钮将颗粒抖散； 2. 调节抖袋时间
制粒操作时分布板上结块	1. 雾化压力太小； 2. 喷嘴有块状物堵塞； 3. 喷雾出口雾化角度不好； 4. 种子粉末较少，喷枪位置过低	1. 调节雾化压力； 2. 调节流量，检查喷嘴排除块状异物； 3. 调整喷嘴的雾化角度； 4. 调高喷枪安装位置
制粒时出现豆状大的颗粒且不干	雾化质量不佳	1. 调节供液流量； 2. 调节雾化压力； 3. 调整黏合剂的流动性
温度达不到要求	1. 散热器故障； 2. 冷凝水排放不畅； 3. 控制部分有问题	1. 检查散热器； 2. 排放冷凝水、检查疏水器； 3. 检查控制部分的控制元件
进风温度、物料温度、出风温度显示故障	温度传感器或者其连接线或者其处理仪表有问题	检查温度传感器或者其连接线或者其处理仪表，处理故障

1.3.5 思政小课堂

流化床制粒所用的空气必须经过过滤和除湿（加湿），由设备除湿（加湿）装置产生的空气的湿度，对流化床的制粒效果会有显著影响。湿度低了物料容易产生静电影响最终收率，太高会延长干燥时间。

流化床制粒中，在物料预热阶段产生静电，很容易导致物料损失严重。流化床设备本身会有一些连接导线减少静电，除此之外，提高水分含量对于消除静电非常有效，在处方中加入少量微粉硅胶对于静电的消除也非常有帮助。

细节决定成败，细节决定质量，在沸腾制粒机的操作与维护中表现得尤为突出。

中国的制药装备企业在低调中奋进，就医药装备生产的一般过程而言，不同企业之间通常没有很大的区别，但"细节决定质量"，最大的区别是最后20%的细节，为了做好20%的细节，有责任、有担当的创新型企业可能会花80%的精力。要做好的产品，企业和员工要有耐心，要能投入时间，把细节做好，从而把控好质量。

1.3.6 任务评价

任务	项目	分数	评分标准	实得分数	备注
看示意图认知沸腾制粒机结构	主要部件	20	不合格不得分		
简述沸腾制粒机工作过程		20			
简述沸腾制粒机由哪些核心部件组成		20			
简述沸腾制粒机喷枪系统的作用		20			
简述温湿度对顶喷沸腾制粒机的影响		20			
总分		100			

1.3.7 任务巩固与创新

1. 沸腾制粒机喷枪使用注意哪些问题？

_____

_____

_____

2. 查阅相关资料，总结市场上常见品牌沸腾制粒机的性能和特点有哪些？

_____

_____

_____

1.3.8 自我分析与总结

学生改错	学生学会的内容

学生总结:

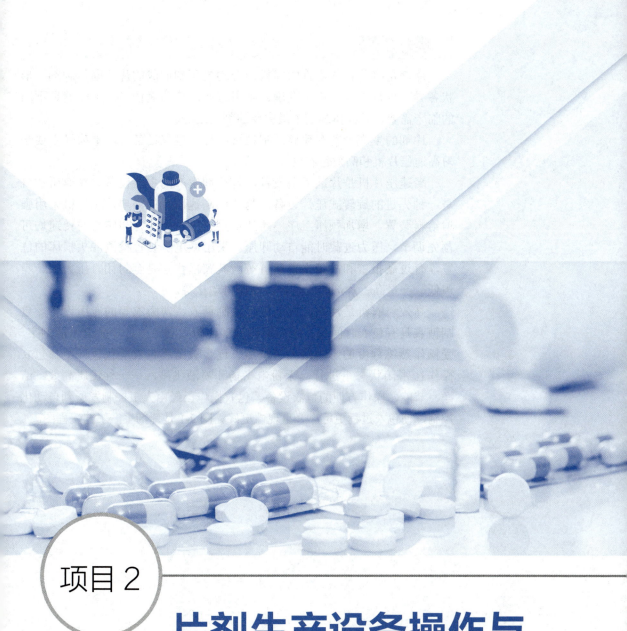

项目 2　片剂生产设备操作与维护

项目导读

片剂是将药物与适宜的辅料混合均匀压制而成的片状固体制剂。形状各异、外形美观，剂量准确、服用方便，给药途径多，可以满足不同的临床需要，是固体制剂中最主要的剂型之一。

片剂的生产设备有粉碎、制粒、压片、包衣设备等，本项目主要学习高速压片机和高效包衣机。

高速压片机是片剂成型设备，是片剂生产的主要设备。高速压片机是一种先进的旋转式压片设备，为适应高速压片的需要，压片机采用强迫给料装置，增加预压工序，药片重量、压轮的压力和转盘的转速均可预先调节，压力过载时能自动卸压。采用微电脑装置检测冲头损坏的位置，有过载报警和故障报警装置等。其突出优点是全封闭、压力大、噪声低、产量高、片剂的质量好、操作自动化等。

高效包衣机是片剂、丸剂进行包制糖衣、薄膜衣等的专用设备。包制糖衣具有包衣时间长、所需辅料量多、防吸潮性差、片面上不能刻字、受操作熟练程度的影响较大等缺点，逐步被薄膜包衣所代替。全部包衣操作在密闭状态下进行，无粉尘飞扬和喷液飞溅，是一种优质高效、洁净、节能、操作方便的包衣设备。包衣操作已经由人工控制发展到自动化控制，使包衣过程更可靠、重现性更好。图 2-1 是片剂生产工艺流程图。

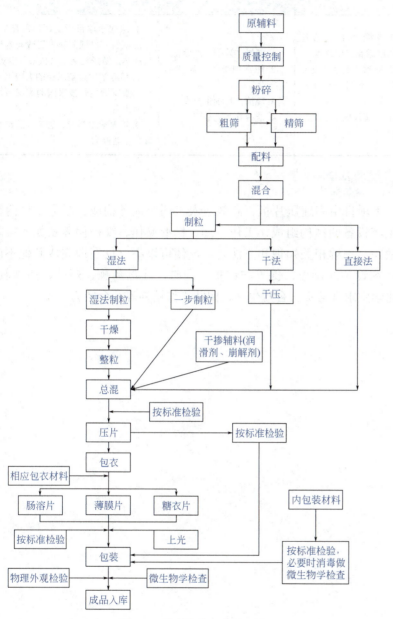

图 2-1 片剂生产工艺流程图

项目学习目标

知识目标	能力/技能目标	思政目标
1. 掌握片剂生产设备结构组成和工作过程。 2. 熟悉片剂生产设备的种类、性能特点和应用范围。 3. 了解片剂主要生产岗位	1. 能操作片剂生产设备。 2. 能常规维护保养片剂生产设备。 3. 能清洁片剂生产设备。 4. 能排除常见故障	1. 深挖本项目所蕴藏的敬畏生命、守法诚信、自强创新等思政元素和思政载体,弘扬社会主义核心价值观。 2. 培养学生精益求精的大国工匠精神,激发学生科技报国的家国情怀和使命担当。 3. 培养学生学习、思考、总结和求真、创新能力

项目实施

本项目由高速压片机、高效包衣机两个任务构成。学会了这两种片剂生产设备的结构组成、工作原理、标准操作、维护保养及如何排除常见故障,理解相关知识和方法之后,便可以举一反三地完成其他不同类型片剂设备的操作、保养与维护。同时,注重药德、药技、药规教育,强化学生求真务实、合规生产、团队协作精神等社会能力。

任务 2.1　高速压片机操作与维护

4. 压片机冲模

2.1.1　任务描述

高速压片机在压片过程中，上冲与下冲作相对运动并将物料加压成片。加料斗中的物料，通过强迫加料器加入中模模孔，在上冲、下冲直接作用下，经过充填（定量）、预压、主压成型、出片等完成一个循环周期。影响片剂质量的因素主要有两个，一个是颗粒的质量，另一个就是对压片机的操作。片重决定片剂药效部分的含量，是最为关键之参数，主要影响因素是压片机转盘转速和颗粒流动性；硬度决定了片剂崩解度和药物释放时间，主要影响因素是上下冲的运动；片剂厚度是影响到药片包装的重要指标，高速压片机整体及主要部件示意见图2-2。通过学习，学会高速压片机的操作与维护。

图 2-2　高速压片机整体及主要部件示意图

2.1.2　任务学习目标

知识目标	能力/技能目标	思政目标
1. 掌握高速压片机结构组成和工作过程。 2. 熟悉高速压片机的种类、性能特点和应用范围。 3. 了解高速压片机主要生产岗位	1. 能操作高速压片机。 2. 能常规维护保养高速压片机。 3. 能排除常见故障	1. 深挖本任务所蕴藏的敬畏生命、守法诚信、自强创新等思政元素和思政载体，弘扬社会主义核心价值观。 2. 培养学生精益求精的大国工匠精神，激发学生科技报国的家国情怀和使命担当。 3. 培养学生学习、思考、总结和求真、创新能力

2.1.3 完成任务需要的新知识

2.1.3.1 结构

高速压片机采用的是上下组合结构形式,各部件可以很方便地组装和拆卸。压片机的上部是完全密封的压片室,是完成整个压片工序的部分,它包括强迫加料系统、冲盘组合、出片装置、吸尘系统,压片室由顶板、盖板及有机玻璃门通过密封条将压片室完全密封,以防止外界对压片过程的污染。

压片机的下部装有主传动系统、润滑系统、手轮调节机构。由左右门板、后门板及控制柜通过密封条将机器下部完全密封,以防止粉尘对机器造成污染。高速压片机的主体结构示意如图2-3所示。

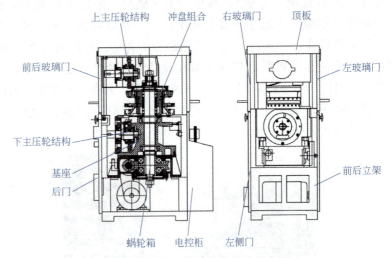

图 2-3 高速压片机主体结构示意图

(1) 强迫加料装置

强迫加料装置主要由加料电机、蜗轮减速器、万向联轴器、强迫加料器、料桶、送料入口调节器、连接管、加料平台、平台调整机构等组成(见图2-4)。它有一台微型加料电机,通过蜗轮减速器来驱动。加料电机和蜗轮减速器被安装在机器顶板的上部。蜗轮减速器的输出轴通过万向联轴器带动长轴,长轴与强迫加料器的齿轮箱输入轴连接。输入轴带动齿轮轴转动,齿轮箱的下部有两个输出轴,分别装有两个叶轮,齿轮带动两个叶轮相向转动。加料器壳体底部有一个落料槽,该落料槽下部与中冲盘表面吻合,用于将加料器中的物料填入中模。加料器落料槽前端装有两个收料刮板,用于将中冲盘表面上的物料回收到加料器中。在加料器上部有一观察窗,用于观察加料器内部的工作情况。强迫加料器与平面的间隙应控制在 0.05～0.08mm 之间,可用厚薄塞规在强迫加料器与转台平面之间几个点上进行检测。倘若此间隙超过范围,可通过加料移板上三个定位螺钉进行调整。一旦调整完毕,在日常工作中,无需再做调整，见图2-4。

图2-4　高速压片机强迫加料装置

药粉颗粒经过强迫加料器叶轮搅拌填入中模空腔内，由定量刮板将中模上表面多余的药粉颗粒刮出，为防止中模孔中的药粉被甩出，定量刮板后安装了盖板。

（2）冲盘组合

冲盘组合包括上下冲杆、中模、上下预压轮、上下主压轮、上导轨盘、填充装置，如图2-5所示。冲盘组合的节圆上均匀分布着上下冲杆和中模，上冲杆由一个连续凸轮的上导轨引导，下冲杆由下拉导轨、填充导轨、计量导轨、出片导轨引导，上下冲杆的尾部嵌在固定的曲线导轨上，当转盘作旋转运动时，上下冲杆即随着曲线轨道作升降运动，通过压轮的挤压作用达到压片的目的。

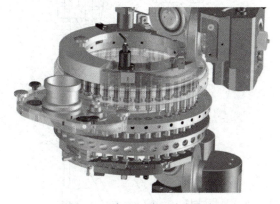

图2-5　高速压片机冲盘组合

（3）手轮调节装置

如图2-6所示，高速压片机装有片厚手轮、充填手轮、预压手轮、平移手轮。

片厚手轮用于调整上下主压轮间的距离，从而调节施于片剂表面的压力，故又称压力调节手轮。

充填手轮用于调整填充深度（即填充量），该手轮通过链轮和控制电机相连，从而实现在自动控制状态下，电脑控制器通过控制电机操纵充填手轮来调整填充量。

预压手轮用于调整上下预压轮间的距离，从而调整预压力。

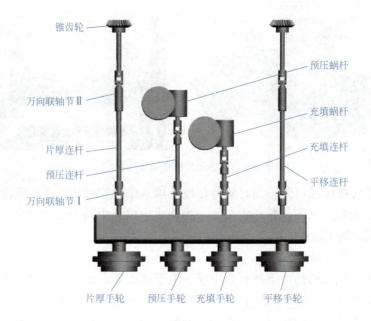

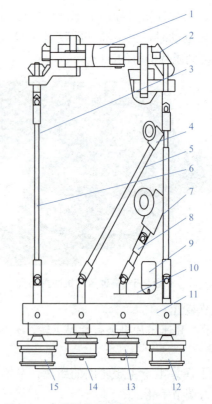

图 2-6 高速压片机手轮调节装置

1—杠杆传动结构；2—锥齿轮；3—花键轴；4—预压蜗杆；5—连接轴；6—花键套；7—填充蜗杆；8—万向联轴节；9—同步电机；10—传动链条；11—前框架；12—平移手轮；13—充填手轮；14—预压手轮；15—片厚手轮

平移手轮用于调整上冲进入冲模的深度,在一定的调整范围内,旋转平移手轮,将同时改变上下主压轮的位置,上下冲模的位置也随之改变,而且变化量基本相等,它能够改变药片的成型位置,使药片的成型位置在中模中上下移动,从而延长冲模的使用寿命。

(4) 剔废装置

专门设计的电气系统可实现废片的剔除,通过片重控制系统可实现对整个生产过程片重的自动控制。

片重自动控制的原理:GZP 系列压片机的片重大小是以每粒片剂受到的压力的大小检测的。如果该片受到的压力大那么说明该片的片重比较大。以压力来表示片重是有科学依据的,因为,在上下压轮距离不变的情况下,压力的大小绝大部分是跟中模中的物料多少有关的,而中模中物料的多少直接跟片的重量有关。因此用压力来检测及表示片的重量大小是很科学的。GZP 系列压片机控制压力的流程示意如图 2-7 所示。

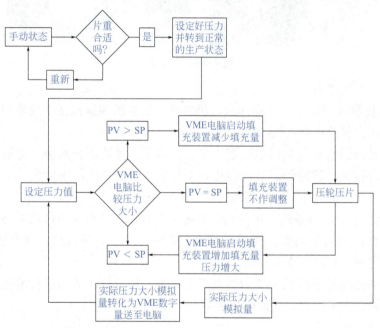

图 2-7　GZP 系列压片机控制压力流程示意图

VME—计算机总线;PV—当前测量值;SP—设定值

(5) 出片系统

出片系统由导向器和出片槽组成,导向器的功能是将出模的药片导向出料装置,将冲盘上的药粉导入到加料器当中。

出料槽有两个通道,合格片通道与废品通道。两个通道由一旋转电磁铁带动翼板(活门)转换。机器刚开始工作或生产过程中出现废片时,废品通道打开。机器在正常运转时,废品通道关闭,合格片通道打开。在停机或紧急停车时,合格片通道立即关闭,废品通道打开。

(6) 旋转电磁铁

出片槽有 2 条通道，左边为不合格片通道，右边为合格片通道。在 2 条通道中央装有一个旋转电磁铁。旋转电磁铁带动闸门做左右摆动，在 2 条通道之间做切换。一般情况下，闸门都处于中间位置，只有在机器启动或停止的瞬间，旋转电磁铁会自动带动闸门做顺时针旋转，将此刻所产生的不合格片通过不合格片通道，最后流入至不合格片收集箱内。

拦片架主要用于将压好的片剂引入到出片槽。在拦片架上装有剔废装置，见图 2-8。

图 2-8　剔废装置

(7) 润滑系统

① 稀油润滑系统　高速压片机带有一新型的间歇式微小流量的定量自动压力稀油润滑系统。

稀油润滑系统包括电动润滑泵、滤油器、多通道分油块、定量注油器、管接头、管路等。其润滑点为上导轨盘，上冲头，下冲头，主预压轮搭接板上的毛毡，下预压轮。

② 干油润滑系统　干油润滑系统主要是递进密封式半自动中心脂润滑系统，它由手动泵、递进分配块、管路、管接头等组成，具有清洁、操作方便、润滑可靠等特点。

干油润滑系统的主要润滑点有：基座上轴承位，基座下轴承位，上主压轮，下主压轮，上预压轮轴。

(8) 吸尘系统

高速压片机采用集成式的吸尘装置，清理中冲盘及下冲盘漏出的药粉。吸尘管路直接从风机连接到设备的后门，内部有管路连接到吸尘装置，吸尘装置安装在刮粉器的后侧，直接将中冲盘及下冲盘漏出的药粉吸走。

2.1.3.2　工作过程

高速压片机的工作流程包括加料、充填、预压、主压成型、出片等工序，如图 2-9 所示。

(1) 加料

高速压片机上、下冲头由冲盘带动分别沿上、下导轨旋转运动。当冲头运动到加料段时，上冲头向上运动绕过强迫加料器，在此同时，下

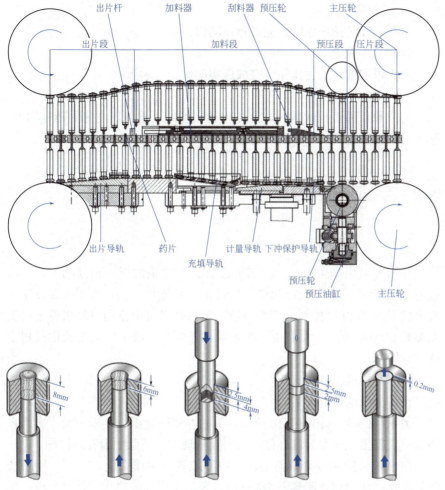

图 2-9 高速压片机工作过程示意简图

冲头由于加料导轨作用向下运动,在中模孔内正好形成一个带有负压的空腔,药粉颗粒经过强迫加料器叶轮搅拌入中模空腔内,当下冲头经过加料导轨的最低点时形成过量加料。

(2)充填

冲盘继续运动,当下冲头经过充填导轨时逐渐向上运动,并将空腔内多余的药粉颗粒推出中模孔,由于加料器当中的物料比较多而且还有叶轮的搅拌作用,所以在推出的时候中模的药粉也经受了一次压缩的过程,完成了药片重量的定量。充填导轨最高平面为水平面,下冲头保持水平运动状态,由刮粉器的刮板将中模上表面多余的药粉颗粒刮出,保持了每一中模孔内的药粉颗粒填充量一致。为防止中模孔中的药粉被抛出,刮板后安装有盖板,在中模孔移出盖板之前,下冲刚好被下冲保护导轨拉下2mm,药粉在中模当中的高度也降低2mm,使中模当中的药粉不会因为过高的线速度而被甩出,在中模孔移出盖板之后,上冲头逐步进入中模孔,将中模中的药粉盖死,上下冲头合模,这个过程保证在压缩过程中漏粉量少而且充填量不会改变。

(3)预压

当冲头经过预压轮时,完成预压动作。

(4)主压成型

冲头再继续经过主压轮,完成压实动作。

(5)出片

药片最后通过出片导轨,上冲上移、下冲上推将压制好的药片推出,进入出片装置,完成一个压片过程。

2.1.4 任务实施

2.1.4.1 高速压片机操作

我国药品生产企业在《中国制造2025》政策的指导和推动下,制药设备由传统手工操作向自动化、信息化、智能化转型,表现在高速压片机上就是采用PLC控制,变频调速,全部操作可根据用户要求设定的工艺参数自动完成,大大提高生产效率,降低劳动成本。人工操作只用于试车。

(1)开机前工作

设备主要部件的安装。

① 中模安装　如图2-10所示。旋松冲膜固紧组合,但冲膜固紧组合头部不应露出中冲盘外圆表面;用中膜清理刀,清除中膜孔内污物。

在中膜外壁涂少许润滑油,将中膜放置在中膜孔上方对正,用手柄轴先轻打,使中膜正确导入2/3深度,再加中膜安装垫重击使其到位;用刀口尺检查中膜端面与中膜工作台面为0～0.05mm;旋紧冲膜固紧组合。

拆下上轨外围有机玻璃

松开压花螺钉

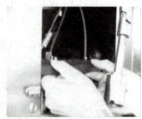
取出上轨道盖板

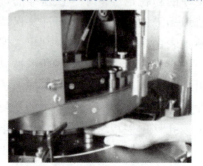
将中模放置在中模孔上

中模棒轻击中模

按逆时针方向慢慢转动

用中模螺钉固定

转台工作面

图 2-10　中模安装

② 下冲安装　取下主体平面上的圆孔盖板，将下冲涂上润滑油通过圆孔装好，检验方法如上冲杆，装好后将圆孔盖好，见图 2-11。

取下内围罩

取下密封环

安装下冲

安装阻尼螺钉

图 2-11　下冲安装

③ 上冲安装　将上导轨盘缺口处嵌舌掀起，将上冲涂上润滑油插入模圈内，用大拇指和食指旋转冲杆，检验头部进入中模后转动是否灵活，上下升降无硬摩擦为合格，全部装妥后，将嵌舌扳下，见图 2-12。

安装上冲　　　　　　　复位下冲装卸轨道　　　　　复位上轨道盖板

图 2-12　上冲安装

④ 装刮粉器　刮粉器装于模圈转盘平面上，用螺丝固定。安装时应注意它与模圈转盘的松紧应适当，太松易漏粉，太紧易与转盘产生摩擦出现黑色的金属屑，造成片剂污染。

⑤ 装加料斗　加料斗的高低会影响颗粒流速，安装时应注意高度适宜，以控制颗粒流出量与填充的速度相同为宜。

（2）开机前检查

① 检查机器零件安装是否妥当，机器上有无工具及其他物品，所有防护、保护装置是否安装好。

② 检查储油罐液位是否适中，上下压轮是否已加黄油。

③ 安装完毕，转动手轮，使转台旋转 1～2 圈，观察上、下冲进入模圈孔及在导轨上的运行情况，应灵活，无碰撞现象。

（3）启动

① 接通主电源开关，打开安全锁，PLC 控制器的显示器进入控制主页。

② 触摸机器参数按钮，检查机器各分系统是否正常，并调整好各分系统工作参数。

（4）压片前调节药片重量或者药片厚度

① 根据冲头的直径和形状调定压力。

② 装料后按下加料键，让加料器空转 1min 左右，使药粉充满加料器。

③ 将装料刻度盘置于药片尺寸对应的适当装填量。

④ 调节预压力，调节上预压轮调节螺母使其刚刚接上冲头。启动机器，在工作状态下，顺时针转动预压手轮，使上预压轮从转动到刚刚停转为止。再逆时针转动预压手轮，再使上预压轮从不转到刚刚转动为止。若压制药片的厚度相同，只需调整一次即可。

⑤ 药片厚度调节，调整药片厚度手轮，使其值大于查表值。启动机器，正常运转后，逐渐减少手轮调整的数值，直至达到要求的药片厚度为止。在基本调整好后，可取样测量，如果不符合要求，可适当调节药片厚度手轮和填充量，直到药片重量符合要求为止。

⑥ 启动主机，机器开始连续工作。在机器不工作时，应将药片厚度调节轮按顺时针方向旋转半圈，避免上下冲头在某些位置处于受压状态，以便于再次工作时启动。

（5）PLC 控制器的使用

PLC 控制器的使用要按照其控制系统的要求进行。

（6）下导轨凸轮的选择

① 不同填充范围导轨的选择　在多数情况下，可使用填充范围为 4～12mm 的导轨；对于特别薄的药片，可使用 0～8mm 的导轨；对于较大的药片，导轨选用 8～16mm 规格。

② 导轨的拆卸与安装

a. 取走下冲头；

b. 松开导轨扣紧螺钉，拉出两个定位销钉；

c. 旋转垫板 90°并朝前、向外推导轨。安装新的导轨时，按以上相反步骤操作。

（7）机器的维护及润滑

① 机器装有以下安全装置

a. 预防压力过大的安全装置　压力表指示值不能超过某一规定的极限值，其压力极限值应根据模具的规格选定。当实际工作压力超过极限值时，控制台上红色"过载保护"指示灯亮，并使机器停止工作，同时蜂鸣器报警，从而保护模具不被损坏。

b. 上冲头故障保护装置　在上冲头通道上安装有保护限位开关和上冲头挡块。情况异常时保护装置可以使机器自动停止运行。

c. 下冲头故障保护装置　与上冲头故障保护装置相同。

d. 润滑不足指示装置　润滑泵油箱中装有液面开关，当液面低到一定程度时"润滑不足"信号灯亮。

e. 门未关好，则"门窗正常"灯不亮，机器不能启动。

② 维护和润滑

a. 蜗轮减速器的维护　蜗轮减速器安装在空气循环冷却的环境中。冷空气由一组风扇吸进，热空气通过机器内部的正压排出机外。吸气和排气口在机器的后门上，一定要保证空气流通顺畅。蜗轮减速器的油面应定期检查，每工作 400～500h 应换油。

b. 皮带拉力调节　通过移动主电机调整板来保证主带轮与蜗轮杆带轮在同一垂直平面内，皮带可在自由移动段的中点左右 1～2cm 之间移动。同步带拉力可通过移动主电机底座来调整，保证同步带中部偏摆量为 10～20mm，调整好后，小心将螺丝拧紧。

c. 液压维护系统　要定期检查油面，油压最高时，液面不能低于 5cm，否则应加液压油。

d. 润滑系统

Ⅰ. 机器配有自动、非循环润滑系统，此系统包括润滑油泵、分配系统（管道与分配阀），称为中心润滑系统。机器的润滑由中心润滑系统来完成，润滑后的废油通过排油口流到废油箱里，废油箱要定期清理。中心润滑系统，可通过 PLC 控制面板"润滑控制"页面调整润滑油的传送。

一般设定为冲盘每旋转200～300圈（可调节）工作一次，工作时间为冲盘转动2～3圈的时间（可调节）。由于具有自动润滑系统，故机器在运转中不需要特殊加油维护，而如果"润滑不足"指示灯亮时，则需要向润滑油泵加30号机油进行润滑。

Ⅱ.干油润滑系统为手动给油系统，每班工作前用手动泵推1～2次，润滑脂的牌号为00号氮化硼润滑脂。

Ⅲ.主轴轴承的润滑：打开左门，在座体的油池边有一个注压式油杯，每工作200h要注油一次，润滑油为钾基润滑脂。

e.给料装置的维护。

Ⅰ.预先填充和排空　将"给料装置"按钮按下，则可以进行预先填充，拉出给料装置下边的滑板就能把给料装置内药粉排空。

Ⅱ.给料装置平台的校准　在机器运行期间加料器与冲模盘的间隙校准到0.05mm，由于长期工作造成正常的磨损和裂缝或受给料颗粒的阻碍，导致间隙不精确，需要重新用塞尺测量，调整的方法是使塞尺能够在加料器底盘和转盘之间移动，且阻力较小。

Ⅲ.给料装置平台按以下步骤调整　拧松调平支脚上小螺钉，下放套环；拧松调平支脚上的防松大螺钉，然后旋转缺口螺栓，调整平台高度；拧紧防松螺钉后，应从加料器底盘铜衬底的多个位置再检查一下间隙；调整完毕使套环复位。

（8）注意事项

① 冲模需要经严格探伤、化验和外形检查，须无裂缝、无变形缺边和拉毛等现象，硬度适宜，尺寸准确，检查不合格的切勿使用，以免给机器带来严重损伤。

② 机器设备上不可拆的机件，不可随意拆卸。

③ 加料器与转盘工作台面须保持一定间隙。间隙过大会造成漏粉，过小会使加料器与转盘工作台面摩擦，从而产生金属粉末混入药粉中，使压出的片剂不符合质量要求而成为废片。

④ 细粉多的原料和不干燥的原料不要使用。细粉多会使上冲飞粉多，下冲漏料多，影响机件，容易造成磨损和原料损耗。不干燥的物料在操作过程中容易黏冲。

⑤ 启动前检查确认各部件完整可靠，故障指示灯处于不亮状态。

⑥ 机器试运转，最初30h内，机器工作应在最大容量的70%以下。

⑦ 速度的选择对机器的使用寿命有直接的影响，由于存在原料的性质、黏度及片径和压力大小等差异，在使用上不能作统一规定，因此，使用者必须根据实际情况而定。一般来说，压制直径大、压力大、异形片、双层片、难成型的颗粒的片剂速度宜低一点，反之速度则可高一些。

⑧ 开机运行时，必须先开吸尘器。

⑨ 使用中如果发现机器振动异常或发出不正常的声音，应立即停车，

检查。

⑩ 发现自动停车警报立即关闭电源，仔细检查，可能现场的工作压力已超过设定的工作压力。

⑪ 运转中如遇跳片、叠片或阻片，切莫用手拨动，以免造成伤害事故，应停车检查。

⑫ 生产将结束时，注意物料余量，接近无料应及时降低车速或停车，不得空车运转，否则易损坏模具。

⑬ 关玻璃门时要特别小心，由于支撑玻璃门的气弹簧力量很大，关玻璃门时用力拉住门把，轻轻将门关上，否则容易损坏玻璃。

⑭ 为了操作者的安全，安装机器入位后在与电源接通前应接上地线，以保证绝对安全。

⑮ 为了操作人员和机器的安全，不要乱动安全设备。

（9）开机后工作

① 检查设备是否清洁，清洁标识牌是否完好。

② 合上操作台左侧的电源开关，面板电源指示灯点亮，压力/转速显示仪显示压片支撑力，转速显示"0"，其余元件无指示。

③ 将物料用真空上料机装入压片机的料斗内。

④ 按动增压按钮，观察、调整液压泵电机转向，然后将显示压力调整至所需压力。

⑤ 将电器箱右侧紧停开关置于"按下"状态，指示灯亮，此时主电动机电磁闸机构处于"脱开"位置，操作者可进行手动操作，完成装拆冲模调整工作。

⑥ 当压片机一切准备工作就绪，即可进行正常运行。首先将紧急停车开关置于正常位置，按下电机开关键，电机即通电运转，转动电位器，压力/转速表显示转台转速，在转台运行过程中，调节电位器，可对机器进行无级调整。

⑦ 开车后要经常核对片重，观察电脑显示的压力值和偏差值及计量自动调节的过程，片剂硬度与重量的关系，以及自动润滑、自动剔废功能是否正常。料桶内物料不得少于1/3。

⑧ 经常检查机器运转情况，检查有无杂音，零部件有无松动及温升情况。机器正常运转中，不得抹、擦运转部位。

⑨ 当需停机时，按下面板上的停止按钮，机器做正常停车。按面板启动按钮，机器重新投入运行。当发生紧急情况时，按下操作台外侧的急停按钮，机器即迅速停机，同时操作台面板紧急停车指示灯点亮。

停车时，压力减小，车速减为最低后方可停车。正常生产途中的突然停车，必须找出原因后，方可继续开车。

⑩ 压片完成后，关掉电源，按《高速旋转压片机清洁规程》清洁、消毒设备。

⑪ 填写《设备运行记录》。

（10）旋转压片机安全操作注意事项

① 启动前检查确认各部件完整可靠，故障指示灯处于不亮状态。

② 检查各润滑点润滑油是否充足，压轮是否运转自如。

③ 观察冲模是否上下运动灵活，与轨道配合良好。

④ 启动主机时确认调速钮处于零。

⑤ 安装加料斗时注意高度，必要时使用塞规，以保证安装精度。间隙过大会造成漏粉，间隙过小会使加料器与转盘工作台面摩擦，从而产生金属粉末混入药粉中，使压出的片剂不符合质量要求而成为废片。

⑥ 机器运转时操作人员不得离开，经常检查设备运转情况，发现异常及时停车检查。

⑦ 生产将结束时，注意物料余量，接近无料应及时降低车速或停车，不得空车运转，否则易损坏模具。

⑧ 拆卸模具时关闭总电源，并且只能一人操作，防止发生危险。

⑨ 紧急情况下按下急停按钮停机，机器故障灯亮时机器自动停下，检查故障并加以排除。

⑩ 新机器处于磨合期，一般车速控制在24r/min以下，运转3～4个月后再提高车速，最高不超过32r/min。

2.1.4.2 维护与保养

① 将压片机拆卸后，清洁加料器、布粉器，清洁出片槽和起粉器，清洁刮粉器，清洁排粉罩。

② 清洁上冲杆及存油圈，清洁下冲杆，涂抹防锈油。

③ 清洁上、下导轨。

④ 用真空吸尘器处理掉压片机中的余料和残渣。

⑤ 检查各部件有无泄露、松动或损坏。

⑥ 按照设定的工作时间和休止时间周期润滑。

⑦ 定期检查机件，每月进行1～2次，检查项目为蜗轮、蜗杆、轴承、压轮、曲轴、上下导轨等各活动部分是否转动灵活和磨损情况，发现缺陷应及时修复。

⑧ 一次使用完毕或停工时，应取出剩余粉剂，清洁机器各部分的残留粉末，如停用时间较长，必须将冲模全部拆下，并将机器全部揩擦清洁，机件的光面涂上防锈油，用布篷罩好。

⑨ 保养后认真填写《设备检修记录》。

2.1.4.3 高速压片机常见故障及排除方法

设备操作人员应熟悉所用设备特点，懂得拆装注意事项及鉴别设备正常与异常现象，会进行一般的调整和简单的故障排除，自己不能解决的问题要及时上报，并协同维修人员进行排除。

高速压片机常见故障及排除方法见表 2-1。

表 2-1　高速压片机常见故障及排除方法

故障现象	原因分析	排除方法
松片	1. 下冲打断，颗粒装量减少。 2. 下冲下得不好，如细粉太多，或天气潮湿，细粉受潮后进入冲头与冲模间隙，或油垢等原因造成。 3. 冲模模孔太大，大量细粉漏下，造成垢冲。 4. 压了重片，特别是上冲变短	1. 调换下冲。 2. 清洁下冲与冲孔，加强吸尘与防潮措施。 3. 调换冲模（中模）。 4. 调换上、下冲。
裂片	1. 模圈（中模）长期使用，受压处凹进一圈。 2. 上冲或下冲卷边，造成拉脱一边而裂片。 3. 上、下冲长短不一，太长的造成压力过大而裂片。 4. 冲头位置不直，或模圈略偏，使压力一边大、一边小，特别是活络冲头。 5. 冲模粗糙	1. 检查中模，坏者更换。 2. 检查上、下冲，坏者更换。 3. 检查上、下冲，长者更换。 4. 检查中模，纠正偏向，安装中模应注意检查。 5. 必要时更换
黏冲	1. 冲头使用已久，或保管不善，或冲头生锈，造成冲头表面粗糙。 2. 冲头揩拭不彻底，不完全干净、清洁。冲头有卷边，或破裂。 3. 冲头刻字太深，笔画未成圆钝形具有棱角。 4. 冲头凹度太深，在顶部容易黏冲	1. 光洁冲头。 2. 彻底清洗，光洁冲头、修整或更换冲头。 3. 修整或更换冲头。 4. 修整或更换冲头
缺角	1. 中模有部分损坏。 2. 上、下冲与中模不配合，打出飞边，经振摇后产生缺角。 3. 上、下冲因故损坏，压出片子突出一块，虽不缺角，但也属完整度不好类型。 4. 下冲升降调整器未调整好，下冲过低，出片时撞缺	1. 更换损坏的中模。 2. 调整上、下冲。 3. 更换损坏的上、下冲。 4. 调整升降器
毛边	1. 中模内模圈粗糙，如未磨光或锈蚀等。 2. 中模损伤，如保管、使用不当，或淬火不良等造成。 3. 中模破裂。 4. 中模有轻度凹痕，安装人未注意装上了。 5. 上冲中间破裂，受压后裂缝加宽，上冲涨大，将中模磨损。 6. 上、下冲装偏，将中模碰伤，如单冲机或采用活络冲头	1. 调换粗糙中模。 2. 调换损伤中模。 3. 调换损伤中模。 4. 调换损伤中模。 5. 调换损伤中模或调换破裂上冲。 6. 安装时校正好上、下冲或调换损坏冲头、冲模
花斑料	1. 润滑油与粉末积存，变成油粉团块，掉入花盘中造成花斑。 2. 连续调速的皮带轮将三角皮带夹坏或磨损，大量黑色皮带飞屑落到转盘中。 3. 花盘安装太紧，摩擦产生高温，使药品熔化变色，压入片中。 4. 上冲加油过多，漏到下面，滴入转盘，压入片中，或滚到接片桶中，污染片子。 5. 空调系统或风口出毛病，异物落入。 6. 压片机未清洁干净或交接班不严格	1. 经常检查，清洁机器。 2. 发现磨损三角皮带，立即调换。车速不可太慢。 3. 调节花盘高矮，避免高温变色。 4. 认真清洁机器，加油勤少滴，上阻油圈。 5. 检查空调系统和风口。 6. 按时清洁机器，交班时应交接清洁机器

2.1.5 思政小课堂

1985年，国内首台高速压片机诞生。2011年，突破百万产能的高速双出料压片机诞生。目前，我国压片机制造商的数量、品种规格、产量居世界首位，可压制圆形片、刻字片、异形片、双层片、多层片、环形片、包芯片等片型。高速压片机是高端制药设备，当前最受人瞩目或最具影响力的还不是我们的产品，还较大程度依赖进口。

压片机技术朝高速高产、密闭性、模块化、自动化、规模化及先进的检测技术的方向发展。针对药剂生产中的数字化、智能化水平不高"卡脖子"问题，国家鼓励高端制药设备开发与生产，有利于加快低端制药设备转型、发展高端设备，助力制药设备行业高质量发展。

2017年，国内企业战略并购国际著名固体制剂设备制造公司，在学习先进技术的同时，不断披荆斩棘，创新发展，在产量、压力信号采集、剔废等技术上有了长足的发展，各种特殊用途的压片机也相继出现，助力国产制药设备从低端走向中高端水平。企业重视产品质量，信奉"以质取胜"的经营理念，把产品质量做到极致，把零部件做得像工艺品一样，这也是工匠精神的最好体现。

2.1.6 任务评价

任务	项目	分数	评分标准	实得分数	备注
看示意图认知高速压片机结构	主要部件	20	不合格不得分		
简述高速压片机工作过程		20			
简述高速压片机由哪些核心部件组成		20			
简述高速压片机平移系统的作用		20			
简述中药压片时有哪些注意事项		20			
总分		100			

2.1.7 任务巩固与创新

1. 什么是压片机片重调节，其决定因素有哪些？

2. 查阅相关资料，自学分析普通旋转压片机和高速压片机的异同。

2.1.8　自我分析与总结

学生改错	学生学会的内容

学生总结：

任务 2.2 高效包衣机操作与维护

5. 高效包衣机的结构与原理

2.2.1 任务描述

包衣是药品制剂生产中的重要操作单元之一，片剂的包衣是在药片（片芯）的表面包上适宜的包衣材料，以改善片剂的外观，遮盖某些不良气味，提高药品的稳定性和疗效。包衣工艺主要有糖衣包衣工艺和薄膜包衣工艺两种。薄膜包衣工艺不同的配方和潜在的用途正在得到人们充分的认识，在制药工业中迅速推广。薄膜包衣常用的设备是高效包衣机（见图 2-13）；主机为高效包衣机，其型号通常以最大包衣后重量划分，通常有 150kg、350kg 等。在选用高效包衣机时，要根据产品的要求，片芯的形状、大小、脆碎度、硬度以及药物自身特性等进行优化考虑。而包衣操作的关键是掌握锅温、喷量、转速三者之间的关系。

图 2-13 高效包衣机外型示意

2.2.2 任务学习目标

知识目标	能力/技能目标	思政目标
1. 掌握高效包衣机结构组成和工作过程。 2. 熟悉高效包衣机的种类、性能特点和应用范围。 3. 了解包衣主要生产岗位	1. 能操作高效包衣机。 2. 能常规维护保养高效包衣机。 3. 能排除常见故障	1. 深挖本任务所蕴藏的守法诚信、自强创新等思政元素和思政载体，弘扬社会主义核心价值观。 2. 培养学生严谨细致、一丝不苟的工作态度，强化质量意识，追求极致的工匠精神。 3. 培养学生学习、思考、总结和求真创新能力

2.2.3 完成任务需要的新知识

2.2.3.1 结构

高效包衣机系统主要由主机（包衣锅）、排风机、热风机、喷雾系统、微处理机可编程序控制系统组成，见图 2-14。

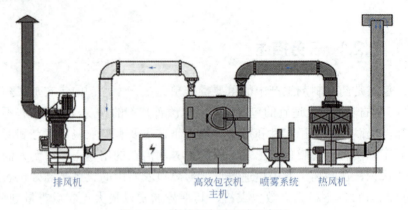

图 2-14 高效包衣机系统示意图

（1）主机

由包衣滚筒、搅拌器、驱动机构、清洗盘、喷枪、热风排风分配管、密闭工作室等部件组成。包衣滚筒又分有孔眼包衣锅和无孔眼包衣锅两种。有孔眼包衣锅为不锈钢全封闭式结构，锅壁上有排气孔，热空气穿过物料床后从锅壁上排气孔排出。无孔眼包衣锅的锅壁上无排气孔，热空气出口在物料床中，穿过物料床后从锅后部排气孔排出。这两种方式都增加了干燥效率。包衣锅内通常带有混合装置，以提高药物混合均匀性。根据被包物的情况不同，用来输送所喷包衣液的喷液系统的安装有所不同。干燥气流可以从上往下或从下往上穿过药物片床。主机结构见图 2-15。

（2）热风机

主要由风机、初效过滤器、中效过滤器、高效过滤器、热交换器等五大部件组成。各部件都安装在一个由不锈钢制作的立式框架内，其外表面是经过精细抛光的不锈钢板。其结构简图见图 2-16。

室外空气进入热风机经初、中、高效过滤器过滤后达到洁净空气的要求，再经蒸汽（或电加热）热交换器加热到所需设定温度，然后进入主机包衣滚筒内对片芯进行加热。

（3）排风机

排风机由风机、布袋除尘器、清灰机构及集灰箱四大部件组成（见图 2-17）。排风机与高效包衣机相连，其作用是使包衣滚筒内处于负压状态，把包衣滚筒内的包衣尾气经除尘后排到室外。既促使片芯表面的敷料迅速干燥，又可使排至室外的尾气得到除尘处理，符合环保要求。

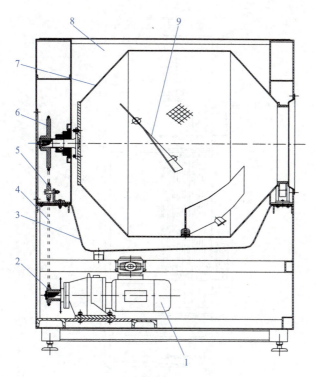

图 2-15 BGB 型高效包衣机主体结构图

1—防爆电动机；2—小链轮；3—清洗盘；4—链条；5—张紧轮；6—大链轮；7—包衣滚筒；8—工作室；9—搅拌器

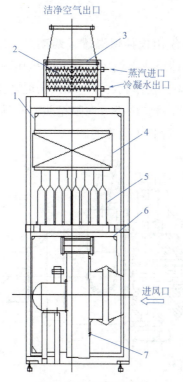

图 2-16 热风机结构

1—柜体；2—热交换器；3—过滤网；4—高效过滤器；5—中效过滤器；6—初效过滤器；7—离心风机

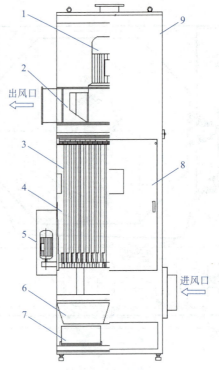

图 2-17 排风机结构

1—电机；2—风机；3—扁布袋；4—骨架；5—振打清灰电机；
6—灰斗；7—集灰抽屉；8—检查门；9—壳体

（4）喷雾系统

薄膜包衣喷雾系统由搅拌保温罐、蠕动泵、硅胶管、流量调节器、喷枪（图 2-18）等部件组成。使用时旋转喷枪尾部的调节螺栓即可调整喷浆量和改善雾化状态。在作业过程中如果出现堵塞只要关闭一下压缩空气进气，柱塞在尾部弹簧作用下，向喷枪头部喷嘴口移动，通针进入喷嘴口即可去除堵塞物，操作十分方便。

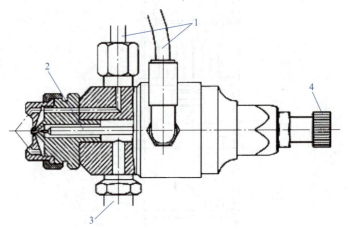

图 2-18 喷枪结构图

1—压缩空气进口；2—柱塞；3—喷浆进口；4—调节螺栓

（5）微处理机可编程序控制系统

PLC 主机是整套设备的电器控制系统，全程控制、设定、显示整套机组的工作状态，其中程序控制器采用工业图形显示器（触摸屏）模拟温控模块，自电源 - 传动 - 振动电机 - 断路报警，全部可控，具有美观、操作简单、性能稳定等优点。

2.2.3.2 工作过程

被包衣的药片片芯在密闭洁净的包衣滚筒内，随着滚筒的转动，在筒内固定叶片的导流作用下，作不停的轨迹运动，按工艺流程和设定的工艺参数与要求，将包衣介质经喷枪雾化后自动地喷洒到片芯表面。同时，对密闭负压状态下的包衣滚筒内供给洁净的热风，对药片进行干燥。在排风装置作用下，热风穿过片床通过筒底筛孔排出。如此反复循环，使片芯覆膜得到快速、均匀干燥，形成坚固光滑的表面薄膜。

2.2.4 任务实施

2.2.4.1 高效包衣机操作

（1）操作前的准备
① 检查包衣锅内有无异物。
② 检查喷雾系统是否正常，准备好薄膜包衣液。
（2）操作步骤
① 打开电气柜电源开关。
② 按手动键和连续两次按动匀浆键，短暂开启主机，检查转动系统运转是否正常。
③ 依次按总停、设置、温度、数字输入键，按要求设置热风温度。
④ 打开热风柜蒸汽阀，开旁路排水开关，排除冷凝水后，关闭旁路排水开关，打开进气阀和排气阀。
⑤ 打开包衣锅前门盖，盖紧出料孔盖。
⑥ 将片芯放入锅内，按手动键及热风键，将药片进行预热。在预热过程中应经常短暂起动主机搅拌药片使预热温度均匀。
⑦ 启动主机，开启排风键，抽除细粉。
⑧ 将包衣液加入保温桶，装好喷雾系统，预热达到要求后，打开压缩空气开关，按匀浆键、排风键、喷浆键，调整喷雾角度和大小，调整好后，进行包衣操作。
⑨ 在喷浆过程中根据工艺要求，用加速或减速键，调整主机转速，用温度键、数字键调整热风温度。
⑩ 包衣操作完成后，关机的顺序为停止喷雾，关热风、喷浆及压缩空气和蒸汽阀，将喷枪连同支架移出包衣锅；关闭主机，装上卸料器后，

再启动主机，将药片取出盛于洁净容器中，关闭电源、蒸汽、压缩空气开关。

⑪ 填写《设备运行记录》。

2.2.4.2　高效包衣机清洁

① 取下输液管，将管中残液弃去。将输液管浸入合适溶剂清洗数遍，至溶剂无色，另取适量新鲜溶剂冲洗输液管。最后将清洗干净的输液管浸入 75% 乙醇中消毒后取出晾干。

② 每次包衣结束后，取下输液管，装上洁净输液管。将喷枪转入滚筒内，开机，用适宜的溶剂冲洗喷枪。此时可转动滚筒，对滚筒进行初步润湿、冲洗。待喷"雾"无色后，停止喷液，从喷枪上拔除压缩空气管。待喷枪上所滴下清洗液清澈透明，喷枪清洗结束，泵入 75% 乙醇对喷枪消毒。完成消毒后，喷枪接上压缩空气管，按喷浆键，用压缩空气吹干喷枪。

③ 清洗滴管，可直接开机用热水冲洗至清澈透明，消毒，吹干。

④ 打开进料口，开机转动滚筒，用适宜的溶剂冲洗滚筒至洁净，并用洁净的毛巾擦洗滚筒。对喷枪旋转臂需一同进行清洗，清洗后停止滚筒转动。

⑤ 当滚筒内壁清洗干净后，打开主机两边侧门，拆下排风口，用适宜的溶剂清洗滚筒外壁；外壁清洗干净后，再次清洗内壁；拆下排风管清洗干净，待晾干后装回原位，然后装上侧门。

⑥ 擦洗进料口门内侧，卸料斗。

⑦ 用湿布擦拭干净设备外表面。

⑧ 每周清洗一次进风口。

⑨ 按《高效包衣机清洁标准操作规程》进行清洁，填写《主要设备运行记录》及《设备清洗记录》。

2.2.4.3　高效包衣机安全注意事项

① 启动前检查确认各部件完整可靠。

② 电器操作顺序（必须严格按此顺序执行）

启动：开滚筒→开排风→开加热

停止：关加热→关排风→关滚筒

③ 包衣操作时，应将室门关好，注意排气口密封性。运行中严禁打开机盖，以免发生危险，损坏机件。

④ 操作中禁止动火。

⑤ 发现机器故障或产品质量问题，必须停机，关闭电源再处理，不得在运行中排除各类故障。

⑥ 定期为机器加润滑油脂。

⑦ 每次使用完毕，必须关闭电源后，方可进行清洁。

2.2.4.4 维护与保养

（1）维护

① 检查减速机油位。
② 检查密封条是否损坏。
③ 检查各紧固件是否松动。
④ 检查各气、液管路是否有泄露。
⑤ 检查有无异常振动及杂音。
⑥ 经常清除设备的油污及尘埃。
⑦ 包衣锅及包衣介质喷（滴）液系统工作后，应及时清洗干净。
⑧ 每次清洗主机后，应及时将清洗站过滤器清洗干净。

（2）保养

① 包衣机主机中的摆线针轮减速机用油浸式润滑，推荐使用 150 号工业齿轮油。首次加注润滑油经 100～250h 运转后，应更换新油，以后每运转 1000h 再更换润滑油。
② 主轴轴承装配时，要填满锂基润滑脂，中修时更换油脂。
③ 滚筒前支撑的两个支撑滚轮在出厂时已填满锂基润滑脂，设备中修时重新更换润滑脂。
④ 薄膜蠕动泵所用硅胶管在滚轮接触段加硅铜脂或滑石粉润滑。
⑤ 每次清洗主机后，应及时将清洗站过滤器清洗干净（过滤器位于清洗站与主机连接的排水管路中）。
⑥ 清洗站加剂泵需定期更换润滑油。

2.2.4.5 高效包衣机常见故障及排除方法

设备操作人员应熟悉所用设备特点，懂得拆装注意事项及鉴别设备正常与异常现象，会进行一般的调整和简单的故障排除，自己不能解决的问题要及时上报，并协同维修人员进行排除。

高效包衣机常见故障及排除方法见表 2-2。

表 2-2 高效包衣机常见故障及排除方法

故障现象	原因分析	排除方法
过湿	喷液速度相对于干燥效率来讲过快，喷液与干燥之间没有达到平衡	仔细控制喷液速度，并可以增加进风温度
片面粗糙	干燥太快	增加喷液速度、降低进风温度或缩短喷枪与片床之间的距离
橘皮	干燥不当	控制蒸发速度、增加喷液速度或缩短喷枪与片床之间的距离
颜色差异	搅拌太慢或者温度过高	减少增塑剂用量，对包衣液进行搅拌

2.2.5 思政小课堂

包衣是药品制剂生产中的重要操作单元之一，片剂的包衣是在药片（片芯）的表面包上适宜的包衣材料，以改善片剂的外观，密封挥发性物质，提高药品的稳定性和疗效。片剂包衣目前有糖衣、薄膜衣和肠溶衣等，国际上已基本淘汰了糖衣片，取而代之的是薄膜包衣片。

20世纪90年代，国内还在大规模使用糖衣，而国际上，薄膜包衣预混剂已经展示出它相对于糖衣的众多优势，并得到了国际很多药品生产企业的认可。当时，国内还没有企业进行自主研发，国内使用薄膜包衣的生产厂家也都是采购进口原料，成本非常高，并没有完全体现出薄膜包衣的优势。市场上流通的包衣产品全部都是进口，生产非常粗糙、价格又十分昂贵，无法满足快速发展中的中国医药市场的需求，鉴于国内的这种情况，激发了国内制药民族企业对薄膜技术的研发。一边钻研摸索包衣理论进行技术难关的攻克，一边自己设计图纸，自己用车床车配件，自己进行组装，研发制造包衣设备。

三十年间，薄膜包衣技术从配方到工艺到生产设备的研发与制造，国内企业取得了瞩目的成绩。无论产品质量水平、使用安全性，均达到了国际先进水平，尤其是中药产品包衣技术，我国处于国际领先地位。

目前，国内已有相当数量的制药企业，给原来的糖衣片或者素片换上了"新装"。

中国的制药企业任务更重，新技术要赶上，基础研究要补上，我们的发展是跳跃式的，而转型升级、创新发展是唯一出路。当病痛来袭，我们民族企业制造的医药产品，给人民健康有力的保障，我们发展过程中所有经历的困难，都是一种财富。

2.2.6 任务评价

任务	项目	分数	评分标准	实得分数	备注
看示意图认知高效包衣机结构	主要部件	20	不合格不得分		
简述高效包衣机工作过程		20			
简述高效包衣机由哪些核心部件组成		20			
简述高效包衣机喷枪系统的作用		20			
简述高效包衣锅有哪些常见类型		20			
总分		100			

2.2.7 任务巩固与创新

1. 简述包衣滚筒的转速与包衣操作之间的关系。

2. 查阅相关资料，简述薄膜包衣技术存在的问题与对策。

笔记

 2.2.8　自我分析与总结

学生改错	学生学会的内容

学生总结：

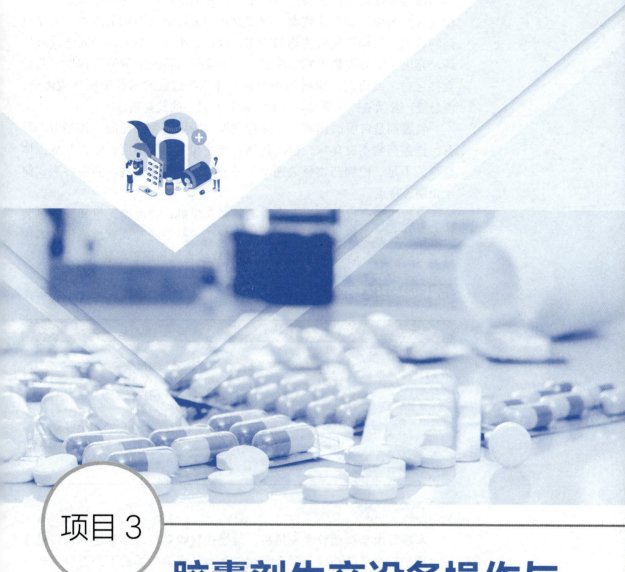

项目 3

胶囊剂生产设备操作与维护

项目导读

胶囊剂指原料药物或与适宜辅料充填于空心胶囊或密封于软质囊材中制成的固体制剂,主要供口服用。胶囊剂是临床常用的剂型之一,按硬度可分为硬胶囊与软胶囊。硬胶囊系指采用适宜的制剂技术,将原料药物或加适宜辅料制成的均匀粉末、颗粒、小片、小丸、半固体或液体等,充填于空心胶囊中的胶囊剂。软胶囊系指将一定量的液体原料药物直接包封,或将固体原料药物溶解或分散在适宜的辅料中制备成溶液、混悬液、乳状液或半固体,密封于软质囊材中的胶囊剂。

胶囊剂是口服固体制剂中除片剂外,应用最为广泛的一种剂型,具有可掩盖药物不良臭味、提高药物稳定性和生物利用度、弥补其他固体剂型的不足、控制药物释放速率和释放部位、整洁美观、容易吞服、便于识别等特点。

硬胶囊生产设备主要有全自动胶囊充填机、胶囊抛光机和胶囊包装机等;软胶囊生产设备主要有滚模式软胶囊机、滴制式软胶囊机。本项目主要学习全自动胶囊充填机、滚模式软胶囊机和铝塑包装机。

项目学习目标

知识目标	能力/技能目标	思政目标
1. 掌握胶囊剂生产设备结构组成和工作过程。 2. 熟悉胶囊剂生产设备的种类、性能特点和应用范围。 3. 了解胶囊剂主要生产岗位	1. 能操作胶囊剂生产设备。 2. 能常规维护保养胶囊剂生产设备。 3. 能清洁胶囊剂生产设备。 4. 能排除常见故障	1. 深挖本项目所蕴藏的敬畏生命、守法诚信、自强创新等思政元素和思政载体,弘扬社会主义核心价值观。 2. 培养学生严谨细致、一丝不苟的工作态度,强化质量意识,追求极致的工匠精神。 3. 培养学生学习、思考、总结和求真创新能力

项目实施

本项目由全自动胶囊充填机、滚模式软胶囊机、铝塑泡罩包装机操作与维护三个任务构成。学会了这三种与胶囊剂相关的不同类型生产设备的结构组成、工作原理、标准操作、维护保养及如何排除常见故障,理解相关知识和方法之后,便可以举一反三地完成其他胶囊剂设备的操作、保养与维护。同时,注重药德、药技、药规教育,强化学生求真务实、合规生产、团队协作精神等社会能力。

任务 3.1　全自动胶囊充填机操作与维护

6. 全自动胶囊充填机组成结构与工作原理

笔记

3.1.1　任务描述

硬胶囊一般呈圆筒形，由胶囊体和胶囊帽套合而成。硬胶囊的生产过程一般是指将制备好的充填物料直接填充于空心胶囊中，再将其抛光后包装的过程。由于全自动胶囊充填机在生产过程中将预套合的空胶囊及药粉直接放入机器上的胶囊斗及药粉斗后，不再需要人工加以任何辅助动作就可自动完成药粉充填，制成胶囊剂，因此在硬胶囊生产中运用得极为普遍。硬胶囊剂的生产工艺流程见图 3-1 所示。全自动胶囊充填机整体示意如图 3-2 所示。

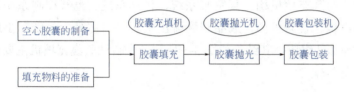

图 3-1　硬胶囊剂的生产工艺流程图

图 3-2　全自动胶囊充填机整体示意图

项目 3　胶囊剂生产设备操作与维护

3.1.2 任务学习目标

知识目标	能力/技能目标	思政目标
1. 掌握全自动胶囊充填机结构组成和工作过程。 2. 熟悉全自动胶囊充填机性能特点和应用范围。 3. 了解全自动胶囊充填机主要生产岗位	1. 能操作全自动胶囊充填机。 2. 能常规维护保养全自动胶囊充填机。 3. 能排除常见故障	1. 深挖本任务所蕴藏的敬畏生命、守法诚信、自强创新等思政元素和思政载体，弘扬社会主义核心价值观。 2. 培养学生严谨细致、一丝不苟的工作态度，强化质量意识，追求极致的工匠精神。 3. 培养学生学习、思考、总结和求真创新能力

3.1.3 完成任务需要的新知识

3.1.3.1 结构

全自动胶囊充填机由机架、胶囊送进系统、胶囊回转机构、粉剂搅拌机构、粉剂充填机构、真空泵系统、传动系统、电气控制系统、废胶囊剔除机构、合囊机构、成品胶囊排出机构、清洁吸尘系统、小颗粒充填机构等部件组成。其结构如图3-3所示，全自动胶囊充填机主要部件与作用见表3-1。

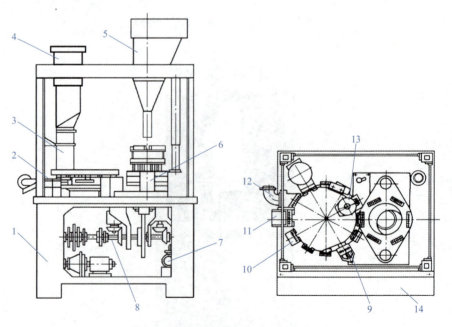

图3-3 全自动胶囊充填机结构示意图

1—机架；2—胶囊回转机构；3—胶囊送进机构；4—胶囊料斗；5—药物料斗；6—粉剂充填机构；7—真空泵系统；8—传动系统；9—废胶囊剔除机构；10—合囊机构；11—成品胶囊排出机构；12—清洁吸尘系统；13—小颗粒充填机构；14—电气控制系统

表 3-1 全自动胶囊充填机主要部件与作用

主要部件	作用	图例
胶囊下料机构	由料斗与输送管路组成，主要存储空胶囊并使空胶囊逐个竖直进入胶囊分送机构	
胶囊分送机构	使胶囊进入分送装置的选送叉内，选送叉向下动作一次会送下数粒胶囊，并且胶囊帽在上。同时，真空分离系统把胶囊顺入到模块中，并将体帽分开	
粉剂充填机构	由粉斗、粉斗螺杆、下料输送管等组成，主要是在螺杆和搅拌作用下使存储的粉剂有控制地进入到计量盘上	
计量盘机构	根据胶囊规格及装量匹配相应的计量盘规格。粉剂在间歇旋转的计量盘内经过五次充填压实成药柱，并推入到下模块的胶囊内	
胶囊充填封合机构	当药柱推入下胶囊体后，上、下模块的胶囊帽与胶囊体扣合	
主传动系统	通过电机、回转机构、齿轮副、减速装置、凸轮副和链传动机构完成执行工作所需动力，同时变频电机达到变频调速功能	
电器控制系统	由 PLC 系统控制显示各胶囊充填的工艺要素	

3.1.3.2 工作过程

工作时，回转台将胶囊输送至各工作区域，在各区域短暂停留时间里，各种作业同时进行。自贮囊斗落下的空胶囊经排序与定向装置后，均被排列成胶囊帽在上的状态，并逐个落入主工作盘上的囊板孔中。在拔囊区,拔囊装置利用真空吸力使胶囊帽留在上囊板孔中,而胶囊体则落入下囊板孔中。在体帽错位区,上囊板连同胶囊帽一起被移开,胶囊体的上口则置于定量充填装置的下方。在充填区,药物被定量充填装置充填进胶囊体。在废囊剔除区,未打开的空胶囊被剔除装置从上囊板孔中剔除出去。在胶囊闭合区,上、下囊板孔的轴线对正,并通过外加压力使胶囊帽与胶囊体闭合。在出囊区,出囊装置将闭合胶囊顶出囊板孔,并经出囊滑道进入包装工序。在清洁区,清洁装置将上、下囊板孔中的胶囊皮屑、药粉等清除。随后,进入下一个操作循环。详细工作原理如下:

(1) 胶囊送进机构

为防止空胶囊变形,机用空心硬胶囊在出厂时均为体帽合一的套合胶囊。空胶囊送进机构如图3-4所示,胶囊料斗的下部与胶囊导槽(送囊板)相通,胶囊导槽内部设有多个圆形孔道,每一孔道的下部均设有卡囊簧片。机器在启动运转后,胶囊导槽在传动机构带动下作上下往复滑动,使空胶囊进入胶囊导槽的圆形孔道中,并在重力作用下下落,将空胶囊整理成轴线一致。当胶囊导槽上行时,卡囊簧片将胶囊导槽圆形孔道最下端的一个胶囊卡住。胶囊导槽下行时,因簧片架发生旋转,卡囊簧片松开胶囊,胶囊在重力作用下由下部出口输出。当胶囊导槽再次上行并使簧片架复位时,卡簧片又将末端的一个胶囊卡住。可见,胶囊导槽上下往复滑动一次,每一孔道均输出一粒胶囊。输出的空胶囊有的帽在上,有的帽在下,依次落入定向装置的水平滑槽中。空心胶囊定向装置见图3-5,由于水平滑槽的宽度略大于囊体的直径而略小于囊帽的直径,因此滑槽壁对囊帽有一个夹紧力,但并不接触囊体。水平滑槽中的水平推爪在传动机构带动下作水平往复运动,水平推爪的尖端作用于囊

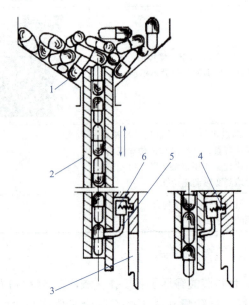

图3-4 空胶囊送进机构

1—囊斗;2—胶囊导槽(送囊板);3—垂直压爪;4—压簧;5—卡囊簧片;6—簧片架

身中部,靠摩擦力使空心胶囊围绕滑槽与囊帽的夹紧点翻转90°,结果胶囊体总是朝前,并被推向水平滑槽的边缘。此时,垂直往复运动的压爪使胶囊体再次翻转90°,以囊帽在上、囊体在下的姿态被垂直推入工作转台的模块孔中。

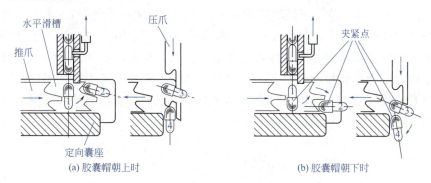

图 3-5　空心胶囊定向装置

（2）胶囊回转机构

在全自动胶囊充填机的工作台面上设有2个可以绕轴旋转的机构,即胶囊回转机构和粉剂充填机构。胶囊回转机构分为上下两层,每层各包含12个模块,每个模块上均布3个（或6个）孔,在胶囊回转机构分度盘带动下间歇转动,每次转角30°,中间停顿0.25s,胶囊回转机构转一周有12个工位。模块在随转台间歇转动的同时,又受复合固定凸轮的控制作上下运动和径向运动。胶囊回转机构的主工作台结构见图3-6。

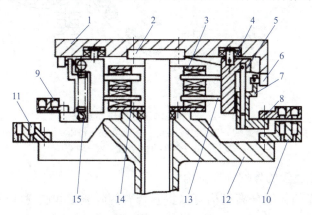

图 3-6　胶囊回转机构的主工作台结构

1—组合凸轮；2—固定轴；3—轴承座；4,6—滚子；5,7—滑块；8—胶囊上模块；9—上模孔；10—胶囊下模块；11—下模孔；12—胶囊回转工作盘；13—导杆；14—滑动轴承；15—拉簧

胶囊充填工作原理示意见图3-7。第1工位,自胶囊料斗落下的杂乱无序的空胶囊经胶囊送进机构均被排列成胶囊帽在上的状态,并逐个落入胶囊回转机构的模块孔中,即接囊工位；第2工位,真空分离系统将进入上模孔胶囊的囊帽和囊体分开,囊体被吸入下模孔中,而囊帽留在上模孔中,即分囊工位；第2～3工位,下模块下降并沿径向向外伸出（或上模块向上向里缩进）,上、下模块错开,所承载的囊帽和囊体也

随之错开,以便充填物料,即错位工位;第3~4工位是扩展备用工位,安装一定的装置可充填颗粒或微丸等物料;第5工位,冲塞把压实的药粉柱推到囊体内,即充填工位;第6工位,帽体复位工位;第7~8工位,剔废装置将在分囊工位未分开的空胶囊从上模孔中剔除出去,即剔废工位;第8~9工位,下模块缩回并上升(或上模块向外向下),上、下模块各模孔轴线对中,并合在一起,即复位工位;第10工位,通过压合挡板和推杆作用使囊帽与囊体扣合锁定达到成品要求,即合囊工位;第11工位,套合胶囊被出囊装置顶出模孔,并经出囊滑道进入抛光工序,即出囊工位;第12工位,吸尘器将模孔中的药粉、胶囊皮屑等污染物清除清理后进入下一个循环,即清洁工位。

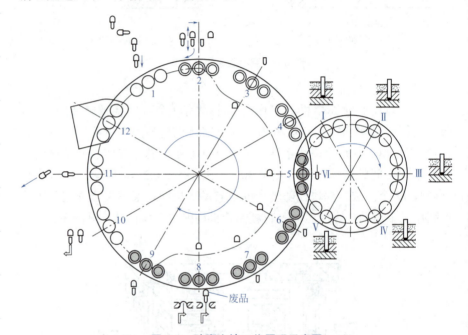

图 3-7 胶囊充填工作原理示意图

1—接囊;2—分囊;3—错位;4—备用;5—充填;6—帽体复位;7,8—剔废;
9—复位;10—合囊;11—出囊;12—清洁

(3) 空胶囊的体帽分离机构

空胶囊的体帽分离机构可以将套合着的胶囊帽和胶囊体分离,以便于药料的填充。此机构主要由真空分离系统(包括真空泵、真空管路、真空电磁阀等)和一个可以平均分配真空吸力的气体分配板组成。空胶囊的体帽分离操作是利用真空吸力将套合的胶囊拨开。体帽分离机构见图 3-8。当空胶囊被垂直推爪推入模块转台的工位 1 时,气体分配板上升,其上表面与下模块的底面紧贴。此时,由真空电磁阀控制,真空接通,顶杆随气体分配板同步上升并伸入到下模块的孔中,使顶杆与气孔之间形成一个环隙,以减少真空空间。上、下模块孔的直径相同,且都为台阶孔,上、下模块台阶小孔的直径分别小于囊帽和囊体的直径。当囊体被真空吸至下模块孔中时,上模块孔中的台阶可挡住囊帽下行,下模块孔中的台阶可使囊体下行至一定位置时停止，以免囊体被顶杆顶破，从而达到体帽分离的目的。

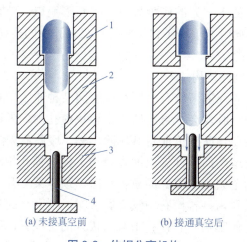

图 3-8　体帽分离机构

1—上模块；2—下模块；3—真空气体分配板；4—顶杆

（4）粉剂充填机构

药物计量填充装置有很多类型，如冲塞定量送粉装置、插管定量装置、活塞-滑块定量装置和真空定量装置等。常用的冲塞定量送粉装置如图 3-9 所示。当空胶囊囊体、囊帽分离后，上、下模块孔的轴线随即错开，由药物计量填充装置将定量药物填入下模块模孔的胶囊体中，完成药物填充过程。

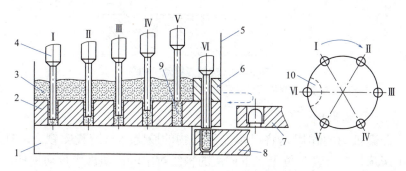

图 3-9　冲塞定量送粉装置

1—托板；2—计量盘；3—药粉；4—充填杆；5—粉盒圈；6—刮粉器；7—上模块；8—下模块；9—药粉柱；10—缺口

定量送粉装置的药粉盒由计量盘和粉盒圈组成，计量盘沿周向设有 6 组模孔，每组模孔数量为 3 个、6 个或 9 个，充填杆的组数和数量与模孔的组数和数量相对应。工作时粉剂计量盘可带着药粉作间歇回转运动，每次转角 60°，中间停顿 0.25s，每转一周包含 6 个工位。间歇回转运动的同时，传动机构带动各组充填杆在模孔内作上下运动，充填杆上升后，药粉盒间歇旋转 60°，同时药粉自动将模孔中的空间填满，随后充填杆下降，将模孔中的药粉压实一次。第 Ⅰ～Ⅴ 工位，充填杆将药粉（是由粉剂搅拌机构送到粉剂充填机构上并分布均匀的）经过五次冲压，此时计量盘模孔中的药粉已形成药粉柱并达到剂量要求。在第Ⅵ工位（即计量盘第6组模孔的下方）的底盘处有一半圆形缺口，带有胶囊体的下模块伸至该空间，此时充填杆下移，将计量盘模孔中的药粉柱推入胶囊体，即完成充填操作。

（5）废胶囊剔除机构

在工作转盘的分囊工位有个别空胶囊因某种原因导致胶囊体和帽未能分开，这部分空胶囊会一直滞留于上模块模孔内，为避免这些空胶囊混入成品中，应在合囊工位前将其剔除出去。废胶囊剔除机构如图3-10所示，上下往复运动的顶杆架上面设有与上模块模孔相对应的顶杆。当上、下模块转动至剔废工位并间歇停止时，顶杆架上升，使顶杆沿轴线伸入到上模块模孔内。若模孔中仅有胶囊帽，则上行的顶杆因接触不到囊帽而不产生任何影响；若模孔中有未拔开的空胶囊，则上行的顶杆会触碰囊体底部并将其顶出，随即被压缩空气吹入集囊箱中。

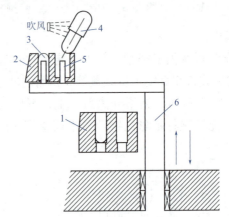

图3-10　废胶囊剔除机构

1—下模块；2—上模块；3—胶囊帽；4—未拔开胶囊；5—顶杆；6—顶杆架

（6）合囊机构

合囊机构的作用是将已填充好药物的胶囊体与胶囊帽锁合。如图3-11所示，在合囊工位上、下模块的轴线对中，传动机构带动顶杆上行伸入到下模块模孔中顶住囊体底部继续上行，囊帽被压板压住，从而使胶囊体和胶囊帽套合并锁紧。

（7）成品胶囊排出机构

成品胶囊排出机构如图3-12所示。出料顶杆在传动机构带动下上升，其顶端从下模块模孔的下方伸入上、下模块的孔中，将锁合胶囊顶出模孔。随后，压缩空气将顶出的锁合胶囊吹入出囊滑道中落下。

（8）传动系统

全自动胶囊充填机传动原理示意见图3-13。该机有两台电机，供料电机通过蜗杆减速器带动搅拌臂和螺杆转动送料。主电机经减速器、链传动带动主传动轴，主传动轴上装有6个凸轮、2对锥齿轮及3个链轮。

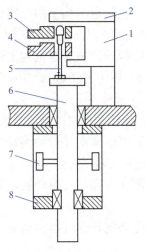

图 3-11 合囊机构

1—压板支座；2—压板；3—上模块；4—下模块；
5—顶杆；6—螺杆；7—调节旋钮；8—导向座

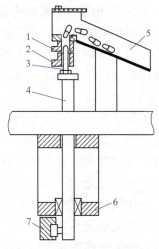

图 3-12 成品胶囊排出机构

1—上模块；2—下模块；3—顶杆；4—推杆；
5—导槽；6—导向座；7—槽凸轮

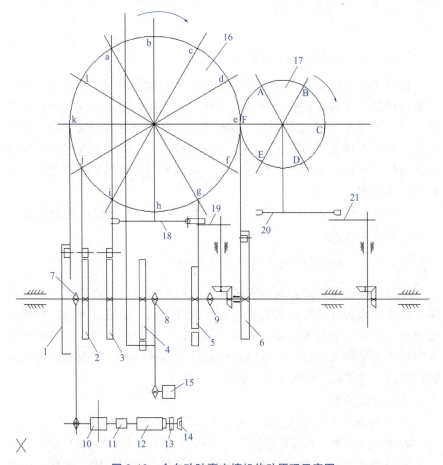

图 3-13 全自动胶囊充填机传动原理示意图

1—成品胶囊排出槽凸轮；2—合囊盘凸轮；3—分囊盘凸轮；4—送囊盘凸轮；5—废胶囊剔除盘凸轮；
6—粉剂充填槽凸轮；7—主传动链轮；8—测速器传动链轮；9—颗粒充填传动链轮；10—减速器；
11—联轴器；12—电机；13—失电控制器；14—手轮；15—测速器；16—胶囊模块转台；
17—粉剂计量转盘；18—模块转台分度盘；19,21—拨轮；20—计量转盘分度盘主轴中间的一对锥齿轮通过拨轮带动模块转台机构上的分度盘间歇转动，拨轮每转一周，分度盘（槽轮）转动角度30°，带动模块转台转动一个工位。主轴右侧的一对锥齿轮通过拨轮带动计量转盘机构上的分度盘间歇转动，拨轮每转一周，分度盘（槽轮）转动角度60°，带动计量转盘转动一个工位。

主传动轴上装有6个凸轮，它们是顺序凸轮、真空凸轮、充填凸轮、剔废凸轮、锁合凸轮、成品凸轮。各凸轮随主轴转动并带动连杆带动送囊板、真空吸板、充填杆、剔废杆、垂直压爪（顺序叉）、锁合顶杆、成品推杆作上下运动，分别完成胶囊入模、帽体分离、充填药粉、剔除废囊、帽体锁合、顶出模孔等相应动作。

主轴上的测速器传动链轮和颗粒充填传动链轮通过链传动分别完成测速器的测速和颗粒充填装置动作。

3.1.4　任务实施

3.1.4.1　全自动胶囊充填机操作

我国药品生产企业在《中国制造2025》政策的指导和推动下，制药设备由传统手工操作向自动化、信息化、智能化转型，表现在全自动胶囊充填机上就是采用PLC控制，变频调速，在生产过程中将预套合的空胶囊及药粉直接放入机器上的胶囊斗及药粉斗后，不需要人工加以任何辅助动作就可以自动完成药粉充填，制成胶囊剂，提高了生产效率，降低了劳动成本。

以NJP-800型全自动胶囊充填机操作为例，全自动胶囊充填机操作与清洁规范见表3-2。

3.1.4.2　全自动胶囊充填机维护与保养

药品生产设备的维护与保养是操作人员的重要工作内容之一。一台精心维护的设备往往可以长期保持良好的性能而无需进行大修，如忽视维护与保养就可能导致设备在短期内损坏，甚至发生事故。药品生产企业应对所有操作人员进行设备操作的理论和实操培训，确保操作人员能够按照规定的要求，正确、规范地操作设备。

（1）润滑保养

① 凸轮及其滚轮工作表面、链条每周用2号锂基润滑脂涂抹一次。

② 机台下送囊机构等各连杆的关节轴承，应每周和换模具时注油一次。

③ 送囊机匣内的导杆、水平叉等和回转盘内的T形轴，导杆运动的铜套、轴承，应每周注油一次。

④ 主转动减速器及供料减速器、分度箱应每月检查油量一次，不足时应加注。

表 3-2　全自动胶囊充填机操作与清洁规范

项目	操作与清洁
开机前准备	1. 检查设备是否有"合格"标牌、"已清洁"标牌。 2. 检查设备状况，确定胶囊送进机构、胶囊回转机构、胶囊料斗、药物料斗、粉剂充填机构、真空泵系统、传动系统、电气控制系统、废胶囊剔除机构、合囊机构、成品胶囊排出机构、清洁吸尘系统正常，核对模具是否与生产指令相符，并仔细检查模具是否完好。 3. 安装胶囊料斗、药物料斗，安装并调整好送囊板、调头槽（含压爪）、水平叉（推爪）、上下模块、计量盘、充填杆等模具。当改变胶囊规格时，必须更换上述模具，并对机器作适当的调整。 4. 按《胶囊填充设备消毒标准操作规程》对设备、模具及所需容器、工具进行消毒（常用 75% 酒精擦拭与物料接触零件及工作台面）。 5. 挂"生产中"状态标志，进入生产程序
生产操作	1. 接通总电源，用手转动机器至少两整圈，无异常后开启电源总开关，电源指示灯亮，变频调速器也相应显示。 2. 启动空压机、真空泵，调节压缩空气压力表读数及真空度。 3. 变频器调速，主电机起动后按动变频器（△）键将由低速向高速运行，同时变频器显示出相应的频率或每分钟充填胶囊的粒数。若无变频调节装置可直接调节变速箱的变速手轮来设定运转速率（一般情况下运转速率应固定）。 4. 开机空转，观察设备无异常现象后停机，把空心胶囊和药料分别加入两料斗，开始手动供料，至计量盘有三分之二药品后停止。 5. 按点动按钮，确定运行正常并检测胶囊平均装量，根据检测结果调节装量（装量调节方法：按停止按钮停机，打开机器侧门，旋转充填杆夹持器上面的调节螺栓，使充填杆上升或下降。调好后，旋转锁紧螺钉固定，关上侧门）。 6. 置开关于自动加料、运行、真空泵运行状态，开机连续运行。 7. 工作完毕，先按"主电机停止"按钮，再按"真空泵停止"按钮，机器停止运转
设备清洁与消毒	1. 将机器内剩余空心胶囊取出，用专用吸尘器将药料斗、模块、充填杆、计量盘、盛粉环、刮粉器内剩余尾料及胶囊吸去并清理干净。 2. 卸下的上下模块、充填杆及支架、盖板、计量盘、充填环、加料螺杆等模具，在清洗间用清洁剂及纯化水清洗干净，再用 75% 乙醇全面擦拭，放置于规定地点自然晾干，待用。有充填任务时，再安装模具。 3. 主机原地清洗，用清洁剂将机器内外及操作台擦洗至无残留物。用纯化水将机器内外及操作台擦洗干净，自然晾干
安全操作	1. 开机前必须检查台面及需填充的物料，是否存在异物，避免损伤模具或造成设备损坏。 2. 真空泵电机运转。第一次开机要检查电机转动方向，如果方向错误要调换电源相序。 3. 开机前要将所有的防护罩安装好，以免运行时出现意外。 4. 开机前一定要先手动盘车，无异常后再点动式空机运行，均无异常方可准备生产。 5. 进行手动盘车时，必须一人操作；机器调整应缓慢，确保合囊顶杆高度使胶囊锁合到位，无插劈、顶凹等。 6. 手动盘车各工位正常，无异常声响，才可点动机器。点动运行，观察胶囊在运行中的状态。未分开的空心胶囊能剔除且保证剔废推杆在最高点时不会把胶囊帽顶起。 7. 开机后严禁接触设备各传动部位，避免压伤。不得清理台面药粉。需要清理药粉时，停机后处理。 8. 机器有异常声音或异常现象时，可按急停键立即停车，检查排除后方可再启动。 9. 机器停车前，首先应停止药粉的供料，再按主机停止键，最后关闭真空泵

⑤ 各种转轴要定期根据运转情况，加以清洗并加注润滑油（脂），密封轴承可滴油润滑。

(2) 维护保养

① 机器长期正常运转时要定期根据运转情况对药粉直接接触的零部件进行清理，当要更换药品或停机时间较长（超过 3 个月以上）时都要进行彻底清理、消毒，才能正常工作。

② 工作时应经常清理工作台面上的废胶囊和药粉积层。

③ 根据使用情况，定期清理真空系统、吸尘系统和管路、过滤网、过滤袋等。

④ 加注凸轮及传动部件润滑油时，应先擦净油垢，以便观察磨损及运转情况。

⑤ 链条在涂润滑油脂时，如发现链条过松，应适当调整张紧轮，但不得取下链条或脱离任何一个传动轮。

⑥ 机器运行 1000h 或一年，将回转台部件进行一次全面清洗。

⑦ 维修人员每年要检查电机绝缘性，清洗变速箱和传动箱，清洗电机及其他电器部分。

3.1.4.3　全自动胶囊充填机常见故障及排除方法

设备操作人员应熟悉所用设备特点，懂得拆装注意事项及鉴别设备正常与异常现象，会进行一般的调整和简单的故障排除，自己不能解决的问题要及时上报，并协同维修人员进行排除。

全自动胶囊充填机常见故障及排除方法见表 3-3。

表 3-3　全自动胶囊充填机常见故障及排除方法

故障现象	原因分析	排除方法
送囊缺粒	送囊开关过大或过小	调整送囊开关位置
	卡囊簧片位置不正或损坏	调整卡囊簧片至合适位置；更换簧片
	残次胶囊堵塞送囊板进口	清理
胶囊拔不开	上下模块错位	用调试杆调整上、下模块位置
	模块损坏	更换模块
	胶囊碎片堵塞吸囊头气孔	用小钩针清理胶囊碎片
	囊板孔中有异物	检查，清理
	胶囊不合格，预锁过紧	检查胶囊，更换
漏粉严重	计量盘与密封环间隙跑粉	调整计量盘与密封环间隙为 0.03～0.08mm
	盛粉环与铝盖间隙大	调整盛粉环
	计量转盘第六工位与下模块不能对中	调整至对中
	药粉不能压合成型	加辅料，改善物料性状

续表

故障现象	原因分析	排除方法
胶囊分离时掉帽	真空度过大	松开放气开关,调整真空度
胶囊进不到上、下模孔内	水平叉位置与模块位置未对正	调整水平叉部件位置使其与模块对正
	卡囊簧片位置不正或损坏	调整卡囊簧片至合适位置;更换簧片
	胶囊推出太长	调整水平叉,推出长度一般为3～5mm
	胶囊变形	更换胶囊
	上、下模块孔未对正	用模块调试杆调整上、下模块使孔对正
胶囊充填量偏差大	药粉流动性不好	加辅料,改善流动性
	药粉黏充填杆	加辅料,改善黏性
	药粉不均匀,易分离、分层	加辅料,改善物料性状
	计量盘内物料堆积厚度不合适	调整药粉高度
	计量盘内物料堆积不均匀	调整刮粉片的位置为0.05～0.1mm
	漏粉严重	参见故障"漏粉严重"处理方式
	充填杆进入下模块深度不合适	调整充填杆进入下模块的深度
胶囊锁合出现擦皮、凹口、叉劈	上、下模块孔同轴度不好	用模块调试杆调整上、下模块使孔对正
	锁囊顶杆位置偏,过高或弯曲	调整或更换锁囊顶杆
	锁囊顶杆端面结垢	清理锁囊顶杆
	顶板与压板之间距离偏小	调整至合适间隙
	胶囊内装颗粒太硬	加辅料,改善物料性状
	充填过量	调整充填量
	模块孔磨损	更换模块
	胶囊受潮、薄头	选用合格胶囊
胶囊锁合不到位	锁囊顶杆位置偏低	调整或更换锁囊顶杆
	顶板与压板之间距离偏大	调整至合适间隙
	上下模块不对中或孔内有毛刺	调整上下模块,剔除毛刺
成品导出不畅	胶囊有静电,吸附	调整温度、湿度
	异物堵塞	检查推杆和导引器,清理异物
	出料口仰角过大或过小	调整螺钉,使仰角合适
运行中突然停机	电气控制元件损坏	检查、更换电气控制元件
	机械传动损坏、松动,电机过载	检查、维修
	离合器摩擦片过松	检查、维修离合器
	药粉用完	加药粉
不自动加料	供料电机损坏	检查、更换电机
	料位传感器损坏	检查、更换传感器
噪声大	机械传动(如链条)松动	检查、维修传动系统
	机器摩擦过大,如计量盘与密封环等	检查、调整

3.1.5 思政小课堂

在胶囊充填机生产过程中把杂乱无章的空胶囊壳整理成帽上体下,是生产合格胶囊剂的重要一环,如下图所示。

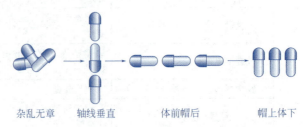

杂乱无章　　轴线垂直　　体前帽后　　帽上体下

在药剂生产层面,遵守规则可建立良好秩序,消除行为的随意性,保障胶囊质量。在社会生活层面,遵守规则是每个人必备的品质,也是个体道德社会化的重要体现,规则成为维系社会和谐的纽带、成为稳定社会的基石。

《荀子·劝学》有言"君子博学而日参省乎己,则知明而行无过矣",是指"品德高尚且好学的人,每天反省自己,那么他就会知晓明白自己行为没有过错了"。今天,这句话对同学们掌握专业技术技能仍然有借鉴作用。

"见善则迁,有过则改",踏踏实实修好公德、私德,学会劳动、学会勤俭,学会感恩、学会助人,学会谦让、学会宽容,学会自省、学会自律。

随着《中国制造2025》计划的实施,我国由制药大国向制药强国转型升级,智能制造技术在企业的应用不断深入,制药行业企业对技能型人才需求大幅提升。通过对多家药品生产企业用人需求进行调研发现,企业急需大批"精生产、通设备、擅质控"的能够实施现场生产管理、进行质量控制、精通自动化设备的创新型、复合型高素质技术技能人才。

人贵有自知之明、自胜之强,明就明在"知不足",强就强在"不知足","知不足"而后学,"不知足"而进取。我们需要强化责任担当意识,与时俱进、关注国家,积极为国家的发展做出力所能及的贡献。

3.1.6 任务评价

任务	项目	分数	评分标准	实得分数	备注
看示意图认知全自动胶囊充填机结构	主要部件	40	不合格不得分		
简述全自动胶囊充填机工作过程		20			
简述全自动胶囊充填机由哪些核心部件组成		20			
简述全自动胶囊充填机常见故障		20			
总分		100			

3.1.7 任务巩固与创新

1. 简述胶囊定向装置的工作过程。

2. 查阅相关资料,自学分析机床型号如何进行编制?

3.1.8 自我分析与总结

学生改错	学生学会的内容

学生总结:

任务 3.2 滚模式软胶囊机操作与维护

3.2.1 任务描述

软胶囊一般为球形、椭圆形或圆筒形，也可以是其他形状，外皮材质通常为明胶，将油类、混悬液或糊状药物定量注入胶膜中，药物填充量通常为一个剂量，生产工艺主要有压制法和滴制法，滚模式软胶囊机是压制法生产软胶囊的主要设备，压制法生产软胶囊剂的生产工艺流程如图 3-14 所示，滚模式软胶囊机整体示意如图 3-15 所示。

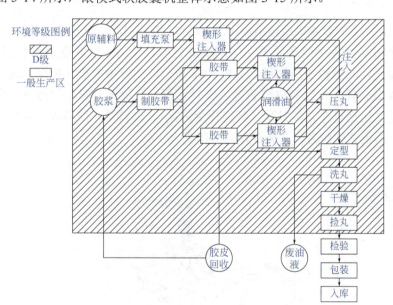

图 3-14　压制法生产软胶囊剂的生产工艺流程图

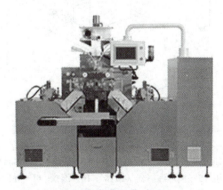

图 3-15　滚模式软胶囊机整体示意图

3.2.2 任务学习目标

知识目标	能力/技能目标	思政目标
1. 掌握滚模式软胶囊机结构组成和工作过程。 2. 熟悉滚模式软胶囊机性能特点和应用范围。 3. 了解滚模式软胶囊机主要生产岗位	1. 能操作滚模式软胶囊机。 2. 能常规维护保养滚模式软胶囊机。 3. 能排除常见故障	1. 深挖本任务所蕴藏的敬畏生命、守法诚信、自强创新等思政元素和思政载体，弘扬社会主义核心价值观。 2. 培养学生严谨细致、一丝不苟的工作态度，强化质量意识，追求极致的工匠精神。 3. 培养学生学习、思考、总结和求真创新能力

3.2.3 完成任务需要的新知识

3.2.3.1 结构

滚模式软胶囊机是运用模压法原理进行工业化生产软胶囊的专用设备，它是将药液置于两条胶带之间，用旋转模具压制成软胶囊的一种设备。滚模式软胶囊机的结构示意如图 3-16 所示，主要由主机、控制系统、胶带成型装置、软胶囊成型装置、供料系统、干燥机、底座等组成。供料系统又包括料斗、供料泵（药液计量装置）、供料管、回料管、喷体等部件，滚模式软胶囊机主要部件与作用见表 3-4。

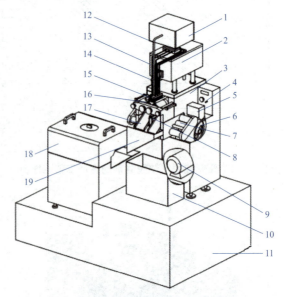

图 3-16 滚模式软胶囊机的结构示意图

1—料斗；2—供料泵；3—传动系统总成；4—控制系统面板；5—胶液盒；6—胶带鼓轮；7—油液系统；8—下丸器；9—电机及油泵系统；10—废胶桶；11—底座；12—多余物料返回管；13—导管；14—加热注射器提升机构；15—楔形注射器（喷体）；16—滚模；17—导向斜槽；18—转笼干燥机；19—胶囊输送漏斗表

表3-4 滚模式软胶囊机主要部件与作用

主要部件	作用	图例
滚模	软胶囊机中的主要部件，用于软胶囊的明胶外皮的黏合	
供料泵	柱塞计量泵，是软胶囊的定量机构，功能是一端将料斗中的药液定量吸入泵体，另一端将料液打出	
明胶盒	下方的槽漏出胶液均匀涂布在胶皮轮上，胶皮轮用于冷却胶液使之成为胶皮	
喷体	喷出药液至两胶皮之间，喷体内有电加热管，可加热喷体使胶皮受热后能黏合	
油滚及下丸器	油滚的作用是输送胶皮，并涂上液状石蜡。下丸器的作用是使胶丸从胶网或模腔中脱落	
干燥转笼	脱粒后的软胶囊通过输送机送入不锈钢丝编织而成的笼身内，鼓风机向内输送净化的室内风	
电器控制系统	控制设备的运转和显示工作状态	

3.2.3.2 工作过程

工作时，安装在高处的药液桶和明胶桶按照一定流速向主机上的明胶盒和供药斗内流入明胶和药液，机身的前部装有喷体及一对滚模、一对导向筒和剥丸器等。供药泵置于机身上方，其顶部有供药斗，供药泵是由两组连动的柱塞组成的柱塞泵，用来向喷体内定量喷送药液。机身两侧各配置有一个胶带鼓轮、一个明胶盒和一套油辊系统，配制好的胶液由吊挂的明胶桶靠自重沿明胶导管流入明胶盒，通过明胶盒下部开口将明胶涂布于胶带鼓轮的表面上。由于主机后方有冷风吹进，使胶带鼓轮冷却，因此涂布于鼓轮上的胶液在胶带鼓轮表面上形成胶带，调节明胶盒下部开口的大小就可以调节胶带的厚度。胶带经油辊系统及导向筒后被送入楔形喷体和滚模之间的间隙内。喷体上装有加热元件，使得胶带与喷体接触时被重新加热变软，然后胶带在滚模上喷挤成型并随着两滚模的对滚使两侧胶带粘接成一体，制成合格的胶囊。

配制好的药液从吊挂的药桶流入主机顶部的供药斗内，并由供药泵的十根供药管经喷体上的喷药孔定量喷出。机身前面的剥丸器用于将成型后的胶囊从胶带上剥落下来，机身的下部有个拉网轴，用来将脱落完胶囊的网状废胶带垂直下拉，以便使胶带始终处于绷紧状态。在机身内各装有一个润滑泵，供油润滑主机上相对运动的部位，生产出来的软胶囊由链带式输送机输送到定型干燥机内。定型干燥机由数节可正、反转的转笼组成，转笼用不锈钢材料制成，转笼内壁上焊有螺旋片。当转笼正转时，转笼内的胶囊边滚动边被风机送来的清洁风所干燥，反转时则将初步干燥好的胶囊排出转笼。滚模式软胶囊机工作原理见图3-17，主要

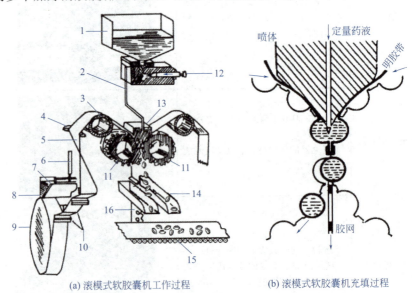

(a) 滚模式软胶囊机工作过程　　(b) 滚模式软胶囊机充填过程

图 3-17　滚模式软胶囊机工作原理

1—药液贮槽；2—导管；3—传送滚轴；4—导杆；5—胶带；6—刀闸；7—胶液盒；8—胶液成型器；9—胶带鼓轮；10—油轴；11—滚模；12—供料泵；13—楔形注液器（喷体）；14—斜槽；15—胶囊传送带；16—胶网

部件的结构原理如下。

（1）胶带成型装置

胶带成型装置是由胶液盒、可调节活动板、胶带鼓轮和油辊系统组成，如图3-18所示。由明胶、甘油、水及防腐剂、着色剂等附加剂加热熔制而成的明胶液，通过保温导管加入位于机身两侧的胶液盒中。长方形的胶液盒内装有电加热元件使得盒内胶液保持恒温（36℃左右），既保持胶液的流动性，又能防止胶液冷却凝固。在胶液盒侧板及底部各安装了一块可以调节的活动板，通过调节这两块板，可使胶液盒底部形成一个缺口。通过前后移动流量调节板1可控制胶液流量；上下移动厚度调节板4可调节胶带成型的厚度。胶液盒的缺口位于旋转的胶带鼓轮5的上方，鼓轮的外表面很光滑（表面粗糙度 $Ra \leqslant 0.8\mu m$），其宽度与滚模长度相同。随着鼓轮的平稳转动，明胶液通过盒下方的缺口，依靠自身重力均匀涂布于胶带鼓轮光滑的外表面上，冷风从主机后部吹入，使得涂布于胶带鼓轮上的明胶液在鼓轮表面上冷却而形成胶带。油辊系统可以保证成型的胶带在机器中连续、顺畅地运行，油辊系统是由上、下两个平行钢辊引胶带行走，有两个"海绵"辊子在两钢辊之间，"海绵"所吸附的食用油可以涂敷在经过其表面的胶带上使胶带表面更加光滑，以利于胶带的生产。

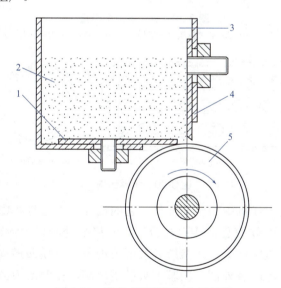

图3-18 胶带成型装置示意图结构

1—流量调节板；2—明胶液；3—胶液盒；4—厚度调节板；5—胶带鼓轮

（2）软胶囊成型装置

软胶囊成型装置是由滚模和喷体组成。制备成型的连续胶带，经过油辊系统和导向筒，被送到两个滚模与软胶囊机上的楔形喷体之间，如图3-19所示，喷体2的曲面与胶带良好贴合，形成密封状态，以免空气进入成型的软胶囊内。在运行过程中，一对滚模按箭头方向同步转动，喷体则静止不动，滚模的结构如图3-20所示，在滚模圆周的表面上均匀分布许多凹槽（相当于半个胶囊的形状），沿着滚模的轴向，凹槽的排数与喷体的喷药孔数相等，而滚模圆周上，凹槽的个数和供料泵冲程的次数及滚模转数相匹配。当滚模转到凹槽与楔形喷体上的一排喷药孔对准时，供料泵即将药液通过喷药孔喷出。因喷体上加热元件的加热使与喷体接触的胶带变软，在喷出药液的喷射压力下，两条变软的胶带产生变形，并挤到滚模凹槽的底部。为使胶带充满凹槽以得到饱满的软胶囊，在每个凹槽底部都开有小通气孔。当每个滚模凹槽内形成了注满药液的半个软胶囊时，凹槽周边的回形凸台（高约 0.1～0.3mm）随着两个滚模的相向运转，两凸台完全对合，形成胶囊周边上的压紧力，使胶带被挤压黏结，形成一粒粒软胶囊，并从胶带上脱落下来。

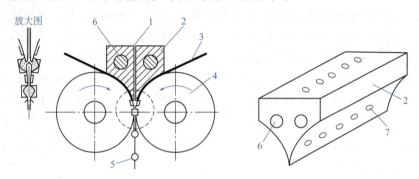

图 3-19　软胶囊成型装置
1—药液进口；2—喷体；3—胶带；4—滚模；5—软胶囊；6—加热元件；7—喷药孔

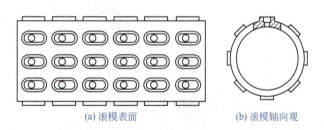

(a) 滚模表面　　　　(b) 滚模轴向观

图 3-20　滚模结构

滚模是软胶囊机中的主要部件，它的设计与加工直接影响软胶囊的质量，尤其影响软胶囊的接缝黏合度。若接缝处胶带太薄或黏合不牢，贮存及运输过程中将会产生接缝开裂漏液现象。滚模凹槽周边的回形凸台若高度合适，凸台外部空间基本被胶带填满，在两滚模的对应凸台相互对合挤压胶带时，对合面上胶带向凸台外部空间扩展的余地会很小，周边胶带会被挤压向凸台对合面以补充接缝处所需胶带，此处胶带厚度可达其他部位的 85% 以上。若凸台过低，则会影响黏合或切不断胶带。

楔形喷体也是软胶囊成型装置中的关键部件。如图 3-19 所示，喷体曲面的形状直接影响软胶囊质量。在软胶囊成型过程中，胶带局部被逐渐拉伸变薄，喷体曲面应与滚模外径相吻合，如不能吻合，胶带将不易与喷体曲面良好贴合，那样药液从喷体的小孔喷出后，就会沿喷体与胶带的缝隙外渗，降低了软胶囊接缝处的黏合强度，影响了软胶囊质量。喷体内装有管状电热元件，与喷体均匀接触，从而保证喷体表面温度一致，使覆盖在滚模表面的胶带受热变软的程度也处处均匀一致。当其接受喷体药液后，药液的压力使胶带完全地充满滚模的凹槽。

（3）药液计量装置

供料系统包括药液料斗、供料泵（药液计量装置）、供料管、回料管、喷体等部件。装量差异是评价软胶囊质量的一项重要指标，欲制得装量差异较小的软胶囊，首先要保证供药系统密封可靠，无漏液现象；其次，供料泵通过喷药孔喷出的药液量可调。滚模式软胶囊机使用的药液计量装置是柱塞泵，10个柱塞通过凸轮机构控制，在一个往复运动中向楔形喷体中供药两次。通过调节柱塞行程，可调节供药量大小。

3.2.4 任务实施

3.2.4.1 滚模式软胶囊机操作

我国药品生产企业在《中国制造2025》政策的指导和推动下，制药设备由传统手工操作向自动化、信息化、智能化转型，表现在滚模式软胶囊机上就是采用PLC控制，触摸屏操作，变频调速，具有运行参数存储与调用的"配方卡"功能，运行参数可以一键存储，随时调用，提高了生产效率，降低了劳动成本。

滚模式软胶囊机的操作和清洁规范见表3-5。

表3-5 滚模式软胶囊机的操作与清洁规范

项目	操作与清洁
开机前准备	1. 检查设备是否完好、清洁，确认润滑系统工作正常。 2. 不断调节胶液盒上两块活动板，使胶液流出速度和胶带厚度满足要求并均匀一致。 3. 安装模具，确保左右滚模上的凹槽一一对准；反复调整，使左右滚模端口上的定时刻线对准。 4. 缓慢转动左右滚模，使处于工作位置的喷体上的定时刻线略低（2～2.5mm）于滚模端面较近的一对定时刻线，以保证制备过程中喷体喷出的料液完全注入胶囊腔中。 5. 按《胶囊填充设备消毒标准操作规程》对设备、模具及容器、工具进行消毒（常用75%酒精擦拭与物料接触零件及工作台面）。 6. 挂"生产中"状态标志，进入生产程序
生产操作	1. 打开油箱放油阀门，当油滚表面渗出油后调节油箱阀门；打开胶桶进压缩空气的阀门，调节压力保持桶内压力为0.03MPa左右。 2. 开启胶液出料阀门，胶液经输液管进左、右展布箱，当箱内胶液达到2/3处时主机操作界面上设定车速2r/min左右，并启动主机。 3. 顺时针等量旋转左、右展布箱上的左、右手轮，调节胶带厚度在0.4～0.9mm之间，并且厚度误差不得大于0.05mm，同时转动左侧的压紧模具手轮，胶带被模具压出均匀模腔印时，停止转动。

续表

项目	操作与清洁
生产操作	4. 放低注射器组件于两胶带之间，在"温控操作"界面上设定注射器温度为 38～45℃ 之间。 5. 当模具下面的胶带有热软感后，转动模具手轮至胶带被切落；同时适当调整注射器温度至哈夫线完全熔融。 6. 快速合上注射器的开关杆，模具下面便形成一排装有内容物的胶丸；调整胶带厚度、润滑性和注射器温度等直到压出合格胶丸。 7. 任取一粒胶丸放在天平上称重后，自哈夫线剪开胶丸，取出内容物，酒精清洗胶皮并擦干；放在天平上称胶皮重量，两次重量相减即为内容物重量。 8. 胶丸填充过程中每 60min 检查一次装量，当装量不准确时，调节泵体后面的装量调节装置，顺时针（面对调节装置）旋转手轮为增加装量，反之亦然。 9. 当胶丸的丸形、装量均合格时，调转主机胶丸溜斗方向，使胶丸经溜斗进入转笼内，启动"转笼操作"，"正转"表示定型干燥胶丸，"反转"表示输出胶丸。 10. 停机时，先停止注射药液，关闭加热开关、真空搅拌罐的进气阀门，打开胶桶上的排气阀门，放尽输胶管中的残余胶液；待左、右展布箱中胶液低于胶盒 1/4 时，依次关闭输胶保温设备、转笼风机、空调、油箱上的放油阀门以及主机电器箱上开关，最后关闭总电源开关。结束后按清洁操作规程对设备进行清洁
设备清洁与消毒	1. 停机后，拆下胶液盒用热水浸泡 30min，再用热水冲洗残留的物料。冲洗至无可见残留后，再用纯化水冲洗 2 次，用干净抹布抹干。 2. 拆下药液贮槽、供液泵，更换输料管，拆下毛刷、下丸器、输送带、网胶桶，用热水浸泡 10min，清除残留物，再用饮用水冲洗 3min。 拆下滚模、喷体浸泡在无水乙醇中，用干净抹布抹洗；用干净抹布抹干，再用压缩空气吹干无法抹到的地方。 3. 清除转笼里的丸粒，将转笼拿下，浸泡在温水池中擦洗转笼内外 5min；再用饮用水冲洗至无不良气味，再用纯化水冲洗 1min，再用干净抹布抹干。 4. 开启机台，胶带鼓轮转动，用纯化水湿润抹布拧干至不滴水，鼓面至清洁无油污。 5. 用饮用水湿润并拧干的抹布擦拭设备外表；最后用纯化水湿润并拧干的抹布擦拭设备外表。 6. 清洁后及生产前用 75% 乙醇溶液擦拭料斗、胶液转鼓、转笼内表面一遍。 7. 设备表面清洁后先用 0.25% 新洁尔灭或 5% 甲酚皂溶液消毒，再用纯化水湿润的抹布擦拭设备表面一次
安全操作	1. 滚模及喷体为设备的精密部件，必须轻拿轻放。 2. 为避免夹伤手指和损坏模具，在发现喷体喷液小孔堵塞时，必须停机后再进行清理；发现模具腔内有胶皮黏附，不得用手或金属器具对模具进行清理。 3. 两个滚模的主轴应平行，且左右滚模的凹槽需一一对准，运转过程中如发现模具跑线现象，必须重新调整。 4. 调整滚模间压力以刚好压出软胶囊为宜，谨防压力过大损坏模具。 5. 调整两滚模模孔周围凹槽凸台对合产生的压力，使胶囊周边产生的压紧合适，以便于胶带被挤压黏结，形成一粒粒软胶囊，并从胶带上脱落下来。 6. 拆装滚模及供料泵时，不得两人同时操作，以免配合不好发生伤人或损坏设备事故。 7. 严禁喷体在接触胶带的情况下通电加热。 8. 随时测量胶带厚度，根据测量结果调整胶带成型装置的调节板，使左右胶带厚度满足要求并均匀一致。 9. 适时取样检测压出软胶囊的夹缝质量、外观、内容重量及胶皮厚度，如有偏离控制范围的情况，应及时调整

3.2.4.2 滚模式软胶囊机维护与保养

药品生产设备的维护与保养是操作人员的重要工作内容之一。一台精心维护的设备往往可以长期保持良好的性能而无需进行大修,如忽视维护与保养就可能导致设备在短期内损坏,甚至发生事故。药品生产企业应对所有操作人员进行设备操作的理论和实操培训,确保操作人员能够按照规定的要求,正确、规范地操作设备。

(1)日常维修保养

① 每批生产结束后需对供料板组合、料液分配板、下丸器、输料管和滚模等进行清洗和保存,同时需及时清洗传动系统箱和供料泵的过滤器并更换润滑油。对干燥机转笼进行清洗时注意保护两端塑料圆盘,严禁磕碰和将转笼放在地上滚动。

② 每班检查供料泵、传动系统箱和油滚系统内润滑油容量,并保持液位线高度;检查主机传动带的松紧程度,发现过松及时调整;清洁干燥机进风口,保持清洁与通畅;每批生产结束后及时清理干燥机内置接油盘和通风管。

③ 开始生产时应注意控制注射器温度,避免胶膜过热缠绕下丸器。一旦发现胶膜缠绕下丸器,应立即清理。同时使用过程中对设备各润滑油孔应及时注油,保持相应的润滑性。

④ 滚模加工精细,表面涂有特氟龙涂层,所以滚模不得与任何坚硬物体和利器接触,除安装外,必须放置在专用的模具盒内,生产过程中可用竹片等软性物体清除滚模上的异物。设备使用过程中两滚模间无胶膜时,左右滚模不得加压紧贴,一旦发现滚模模腔凸台角有磨损,胶丸合缝质量变差,需及时将滚模送检、修复,甚至报废。

⑤ 擦拭设备时各接线点、插头和插座应保持干燥,维护设备时所有插头严禁带电插拔。

(2)定期维修保养

① 每季度清洗油滚系统一次,输油轴内部保持清洁,涂医用凡士林使齿轮保持一定的润滑性。

② 每半年更换一次油滚系统上的涂油套。

③ 每年对整机分解检查和清洗一次(2根进料管除外),分解和装配时要避免传动部件相互磕碰。

④ 定期检查控制系统中各电机、供电回路的绝缘电阻(应不小于$5M\Omega$)及设备接地的可靠性,确保用电安全。

(3)机器清洗

① 生产结束,排净料斗内的剩余药物,加入液状石蜡,开动主机排出液状石蜡,再加入清洁液状石蜡,重复操作直至料斗、供料泵冲洗干净。料斗内保存清洁液状石蜡,严格排空料斗,防止空气进入供料泵柱塞腔内造成氧化腐蚀。

② 拆卸模具、喷体、泵体、输料柱塞、料斗、胶盒、引胶管、干燥转笼。将拆卸的机器部件用洗涤剂溶液仔细清洗干净，至无生产时的遗留物。然后用大量饮用水冲洗至水清澈无泡沫，再用纯化水冲洗 2 次。待水分挥发后，用 75% 乙醇溶液浸泡冲洗。挥发多余乙醇后，将泵体、输料柱塞浸入液状石蜡，均匀沾满液状石蜡后，重新装机。

③ 干燥转笼机箱及不可拆卸的设备表面等用清布或不掉毛刷子蘸洗涤剂溶液清洗掉污物、油渍等，用饮用水擦净后，用 75% 乙醇溶液擦拭。

④ 装机后往供料泵壳体内加入液状石蜡，油面应浸没盘形凸轮滑块。

（4）特别注意

① 胶皮轮上严禁用锐器铲残留胶皮，否则轮上易被划伤，影响涂布胶皮质量。

② 模具及喷体为精密部件，必须轻拿轻放，严禁在模具转动时持硬物在其上方操作。

3.2.4.3 滚模式软胶囊机常见故障及排除方法

设备操作人员应熟悉所用设备特点，懂得拆装注意事项及鉴别设备正常与异常现象，会进行一般的调整和简单的故障排除，自己不能解决的问题要及时上报，并协同维修人员进行排除。

滚模式软胶囊机常见故障及排除方法见表 3-6。

表 3-6　滚模式软胶囊机常见故障及排除方法

故障现象	原因分析	排除方法
喷体漏液	1. 接头漏液。 2. 喷体内垫片老化弹性下降	1. 更换接头。 2. 更换垫片
机器震动过大或有异常声音	泵体箱内液状石蜡不足以致润滑不足	在泵体箱内添加液状石蜡
胶皮厚度不稳定	1. 胶盒和上层胶液水分蒸发后与浮子黏结在一起，阻碍浮子运动，使盒内液面高度不稳定。 2. 胶盒出胶挡板下有异物垫起挡板使胶皮一边厚一边薄	1. 清除黏结的胶液。 2. 清除异物
胶皮有线状凹沟或割裂	1. 胶盒出口处有异物或硬胶块。 2. 胶盒出胶挡板刃口损伤	1. 清除异物或硬胶块。 2. 停机修复或更换胶盒出胶挡板
胶皮高低不平有斑点	1. 胶皮轮上有油或异物。 2. 胶皮轮划伤或磕碰	1. 用清洁布擦净胶皮轮，不需停机。 2. 停机修复或更换胶皮轮
单侧胶皮厚度不一致	胶盒端盖安装不当，胶盒出口与胶皮轮母线不平行	调整端盖，使胶盒在胶皮轮上摆正
胶皮在油滚系统与转模之间弯曲、堆积	1. 胶皮过重。 2. 喷体位置不当。 3. 胶皮润滑不良。 4. 胶皮温度过高	1. 校正胶皮厚度，不需停机。 2. 升起喷体，校正位置，不需停机。 3. 改善胶皮润滑，不需停机。 4. 降低冷风温度或胶盒温度

续表

故障现象	原因分析	排除方法
胶皮粘在胶皮轮上	冷风量偏小、风温或胶液温度过高	增大冷风量，降低风温及胶盒温度，不需停机
胶盒出口处有胶块拖曳	开机后短暂停机胶液结块或开机前胶盒清洗不彻底	清除胶块，必要时停机重新清洗胶盒
胶丸内有气泡	1. 料液过稠，夹有气泡。 2. 供料管路密封不良。 3. 胶皮润滑不良。 4. 喷体变形，使喷体与胶皮间进入空气。 5. 喷体位置不正确，使喷体与胶皮间进入空气。 6. 加料不及时，使料斗内药液排空	1. 排除料液中气泡。 2. 更换密封件。 3. 改善润滑。 4. 更换喷体。 5. 摆正喷体。 6. 关闭喷体并加料，待输液管内空气排出后继续压丸
胶丸夹缝处漏液	1. 胶皮太厚。 2. 转模间压力过小。 3. 胶液不合格。 4. 喷体温度过低	1. 减少胶皮厚度。 2. 调节加压手轮。 3. 更换胶液。 4. 升高喷体温度
胶丸夹缝处漏液	1. 两转模模腔未对齐。 2. 内容物与胶液不适宜。 3. 环境温度太高或湿度太大	1. 停机，重新校对滚模同步。 2. 检查内容物与胶液接触是否稳定并调整。 3. 降低环境温度和湿度
胶丸夹缝质量差（夹缝太宽、不平、张口或重叠）	1. 转模损坏。 2. 喷体损坏。 3. 胶皮润滑不足。 4. 胶皮温度低。 5. 转模模腔未对齐。 6. 两侧胶皮厚度不一致。 7. 供料泵喷注定时不准。 8. 转模间压力过小	1. 更换转模。 2. 更换喷体。 3. 改善胶皮润滑。 4. 升高喷体温度。 5. 停机，重新校对转模同步。 6. 校正两侧胶皮厚度，不需停机。 7. 停机，重新校正喷注同步。 8. 调节加压手轮
胶皮过窄引起破囊	1. 胶盒出口有阻碍物。 2. 胶皮轮过冷	1. 除去阻碍物。 2. 调高室温以增加胶皮宽度
胶丸形状不对称	两侧胶皮厚度不一致	校正两侧胶皮厚度，使之一致
胶丸表面有麻点	1. 胶液不合格，存在杂质。 2. 胶皮轮划伤或磕碰	1. 更换胶液。 2. 停机修复或更换胶皮轮
胶丸崩解迟缓	1. 胶皮过厚。 2. 干燥时间过长，使胶壳含水量过低	1. 调整胶皮厚度。 2. 缩短干燥时间

3.2.5 思政小课堂

软胶囊外皮通常由明胶制成，然而在 2012 年 4 月 15 日，央视《每周质量报告》节目《胶囊里的秘密》对"非法厂商用皮革下脚料造药用胶囊"进行了曝光。某地的一些企业，用生石灰处理皮革废料，熬制成工业明胶，卖给一些企业，最终流入药品企业进入患者腹中，由于皮革在工业加工时，需要使用含有铬的鞣制剂，因此这样制成的胶囊，往往铬含量超标，有致癌性并可能诱发基因突变。

医药行业直接关系到人民的生命健康，关系到千家万户的悲欢离合，所以，医药行业的职业道德在整个职业道德体系中有着特殊而重要的地位，我们要提高医药质量、保证医药安全有效、全心全意为人民健康服务。

3.2.6　任务评价

任务	项目	分数	评分标准	实得分数	备注
看示意图认知滚模式软胶囊机结构	主要部件	20	不合格不得分		
简述滚模式软胶囊机工作过程		20			
简述滚模式软胶囊机由哪些核心部件组成		20			
简述软膜成型组件的作用		20			
简述滚模式软胶囊机常见故障		20			
总分		100			

3.2.7　任务巩固与创新

1. 软胶囊类型有哪几种？

   _____

   _____

2. 查阅相关资料，自学滴制法的相关设备。

   _____

   _____

3.2.8 自我分析与总结

学生改错	学生学会的内容

学生总结：

任务 3.3 铝塑泡罩包装机操作与维护

7.铝塑泡罩包装机的结构组成与工作原理

 ## 3.3.1 任务描述

铝塑泡罩包装机是将透明塑料硬片（PVC 硬片）加热、成型、药品填充、与铝箔热压封合、印字（或打印批号）、冲裁等多种功能在同一台机器上完成的高效率包装设备。药品生产中可用来包装各种片剂、胶囊剂、丸剂、栓剂等。近年来，它还可用于包装安瓿、抗生素瓶、药膏、注射器、注射用针头等。

药用铝塑泡罩包装机按结构形式分为平板式泡罩包装机、滚筒式泡罩包装机和滚板式泡罩包装机三大类型。

3.3.1.1 平板式泡罩包装机

泡罩成型和热封合模具均为平板形。主要结构如图 3-21 所示。

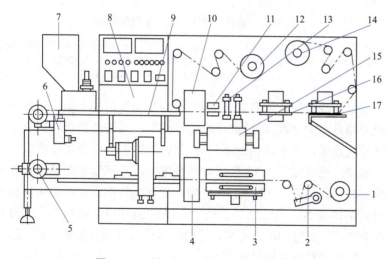

图 3-21 平板式泡罩包装机结构示意图

1—PVC 硬片辊；2—张紧轮；3—加热装置；4—成型板；5—成型泡带导向辊；6—压紧轮；
7—料斗；8—操作盘；9—填充平台；10—热封合装置；11—导向板；12—铝箔辊；
13—气动夹头；14—废料辊；15—进给装置；16—压痕装置；17—冲裁站

平板式泡罩包装机的特点：

① 热封时，上、下模具平面接触，需要有足够的温度、压力及封合时间才能保证封合质量；包装材料输送方式为间歇式，难以实现高速运转，故生产效率一般。

② 加热封合消耗功率较大，封合的牢固程度不如滚筒式封合效果好，适用于中小批量药品包装。

③ 泡罩拉伸比大，泡罩深度可达 35～36mm，满足大蜜丸等形状较大的固体制剂或特殊形状物品包装；成型面积较大，可成型多排泡罩。

3.3.1.2 滚筒式泡罩包装机

采用的泡罩成型模具和热封模具均为圆筒形。主要结构如图 3-22 所示。

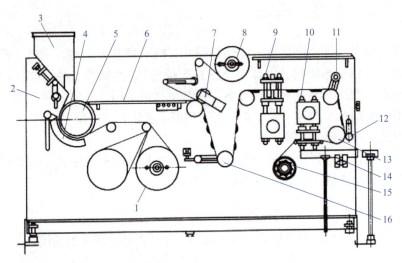

图 3-22　滚筒式泡罩包装机结构示意图

1—PVC 硬片辊；2—机体；3—料斗；4—远红外加热器；5—成型装置；6—填充平台；
7—热封合装置；8—铝箔辊；9—打字装置；10—冲裁装置；11—可调式导向辊；
12—压紧辊；13—间歇进给辊；14—输送机；15—废料辊；16—游辊

利用滚筒成型模具的转动将 PVC 硬片拉动做匀速运动，加热器对紧贴于成型模具上的 PVC 硬片加热软化，成型模具的凹槽转动到合适位置与真空系统连通，在负压情况下，将已经软化的 PVC 硬片吸塑成模具形状——泡罩；已经成型的 PVC 硬片按程序前行，待包装药品被填充入泡罩；游辊拉动已填充入药品的 PVC 硬片前行，与单面涂覆热熔黏合剂的覆盖材料铝箔相遇，通过热封合装置，PVC 硬片与铝箔封合；通过打字装置在设定的位置打印生产批号；通过冲裁装置冲裁成适宜规格（形状），排出；废包装材料由废料辊卷起。

滚筒式泡罩包装机的特点：

① 瞬间封合，传导到药片上的热量少，对包装药品质量影响较小，封合效果较好。

② 包装材料输送方式采用连续-间歇的方式，连续包装，生产效率较高，可适合现代化批量生产。

③ 真空吸塑成型，难以控制壁厚，泡罩壁厚不均匀，不适合深泡罩成型。

3.3.1.3 滚板式泡罩包装机

泡罩成型模具为平板形，热封合模具为滚筒形。如图 3-23 所示。

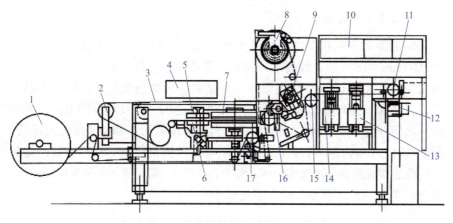

图 3-23　滚板式泡罩包装机结构示意图

1—PVC 硬片辊；2,15—张紧辊；3—充填平台；4—加料器；5—成型上模；6—成型下模；
7—上加热器；8—铝箔辊；9—热压辊；10—仪表盘；11—步进辊；12—冲裁装置；
13—压痕装置；14—打字装置；16—机架；17—送 PVC 硬片装置

滚板式泡罩包装机的特点：

① 采用平板式压缩空气成型模具，泡罩深，泡罩厚度均匀，适合各类药品包装。

② 滚筒式连续封合，PVC 与铝箔在封合处为线接触，封合效果好。

③ 高速打字、压痕，无横边废料冲裁，节约包装材料，生产效率高，包装效果好。

④ 结合平板式和滚筒式两种泡罩包装机的优点，克服了两种机型的不足，目前认为是一种比较理想的药品泡罩包装设备。

3.3.2　任务学习目标

知识目标	能力/技能目标	思政目标
1. 掌握铝塑泡罩包装机结构组成和工作过程。 2. 熟悉铝塑泡罩包装机性能特点和应用范围。 3. 了解铝塑泡罩包装机主要生产岗位	1. 能操作铝塑泡罩包装机。 2. 能常规维护保养铝塑泡罩包装机。 3. 能排除常见故障	1. 深挖本任务所蕴藏的敬畏生命、守法诚信、自强创新等思政元素和思政载体，弘扬社会主义核心价值观。 2. 培养学生严谨细致、一丝不苟的工作态度，强化质量意识，追求极致的工匠精神。 3. 培养学生学习、思考、总结和求真创新能力

3.3.3 完成任务需要的新知识

3.3.3.1 结构

铝塑泡罩包装机是指利用透明塑料硬片（PVC 硬片）及铝箔（厚度约 0.02mm）将片剂、胶囊剂、大蜜丸等药品夹固在它们之间形成的一种包装型式。塑料硬片具有热塑性，经成型模具加热变软，利用正压或真空，将其吹（吸）塑成与待包装药品外形相近的形状及尺寸的泡罩，将单粒药品置于泡罩内，以铝箔覆盖后，利用压辊将无药物处（即无泡罩处）的 PVC 硬片与铝箔热合挤压粘接成一体，再根据药物的常用剂量，将若干粒药品构成的部分冲裁成一片（多为长方形），即完成了铝塑包装的过程，铝塑泡罩包装机主要部件及作用见表 3-7。

表 3-7 铝塑泡罩包装机主要部件与作用

主要部件	作用	图例
送料辊	PVC 和铝箔料辊	
泡罩成型装置	用于 PVC 硬片形成泡罩	
加料器	将待包装的药品刷入已成型的泡罩内	
热封	将充填好药物的泡罩与铝箔封合起来	
冲裁	将封合好的药物按照预定形状和规格剪切下来	

3.3.3.2 工作过程

PVC硬片通过预热装置预热120℃左右，在成型装置中吹入压缩空气形成泡罩；待包装药品进入泡罩内；PVC硬片与铝箔在一定温度和压力下热合密封；打印生产批号；冲裁装置冲裁成适宜规格（形状），排出；废包装材料由废料辊卷起回收。铝塑泡罩包装机的工艺流程如图3-24所示。主要工作过程如下。

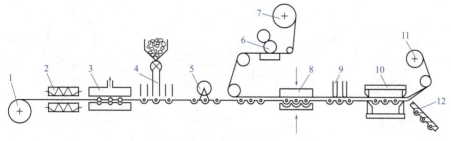

图3-24 铝塑泡罩包装机的工艺流程

1—PVC硬片辊；2—加热；3—成型；4—填充；5—检整；6—印字；7—铝箔辊；
8—热封；9—压痕；10—冲裁；11—废料辊；12—成品

（1）PVC放卷

如图3-25所示，主动压辊由电机带动运转，被动压辊靠弹簧紧压在主动压辊上使PVC放卷，由于夹持步进的作用使放卷后的PVC逐渐减少，直到PVC将摆杆拉起到电机开位B～C点，电机运转后PVC又放卷，摆杆靠自重迅速至电机停位A点，移动配重块的位置使摆杆顺利下落。调节凸轮组的两个凸轮交错位置，通过微动开关确定放卷电机的开位和停位。

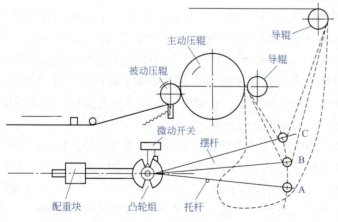

图3-25 PVC放卷示意

（2）PVC加热

用铝塑泡罩包装机包装药品时，首先应通过加热装置将PVC硬片加热塑造成一个个泡罩。对硬质PVC而言，较易成型的温度范围是110～130℃，此温度下PVC具有足够的热强度和延展性。加热方式主要有辐射加热和传导加热两种。

大多数热塑性包装材料可以吸收 3.0～3.5μm 波长红外线发射出的能量，故 PVC 硬片常采用辐射加热，如图 3-26（a）所示。传导加热又称接触加热，是将 PVC 硬片夹在上下加热板之间［见图 3-26（b）］，或者夹在成型模具与加热装置之间［见图 3-26（c）］。传导加热已成功应用于 PVC 材料加热。

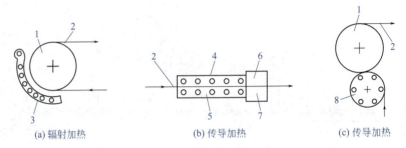

(a) 辐射加热　　(b) 传导加热　　(c) 传导加热

图 3-26　加热装置示意图

1—成型模具；2—PVC 硬片；3—远红外加热器；4—上加热板；
5—下加热板；6—上成型模具；7—下成型模具；8—加热辊

（3）PVC 泡罩成型装置

PVC 硬片形成泡罩是泡罩包装的重要工序。PVC 泡罩成型装置主要有以下三种。

① 吸塑成型（负压成型）装置　是利用抽真空将加热软化了的 PVC 薄片吸入成型模具的凹槽内形成一定几何形状，完成泡罩成型的装置，如图 3-27（a）所示。吸塑成型一般采用辊式模具，成型泡罩尺寸较小，形状简单，泡罩拉伸不均匀，泡罩顶部较薄。本法适用于外形尺寸较小的固体制剂包装。

② 吹塑成型（正压成型）装置　是利用压缩空气将加热软化了的 PVC 薄片吹入成型模具的凹槽内形成一定几何形状，完成泡罩成型的装置，如图 3-27（b）所示。加气板上的吹气孔应对准模具的凹槽，且凹槽底设有排气孔，以使压缩空气有效施压于薄片上，并使膜与模具之间的空气经排气孔迅速排出。吹塑成型多用于板式模具，可获得尺寸较大、壁厚较均匀、形状挺实的泡罩。

③ 冲头辅助吹塑成型装置　是借助冲头将加热软化了的 PVC 薄片压入成型模具的凹槽内，当冲头完全压入时，通入压缩空气，使薄膜紧贴凹槽内壁，完成泡罩成型的装置，如图 3-27（c）所示。冲头辅助吹塑成型多用于平板式泡罩包装机，冲头尺寸约为模具凹槽的 60%～90%，若冲头形状尺寸、推压速度、推压距离设计合理，可得到壁厚均匀、棱角挺实、尺寸较大、形状复杂的泡罩。

（4）加料器

加料器主要由料斗、盘刷、滚刷及直流电机等组成。开启闸板，药品自行进入料斗，借助于绕垂直轴转动的盘刷可将待包装药品刷入已成

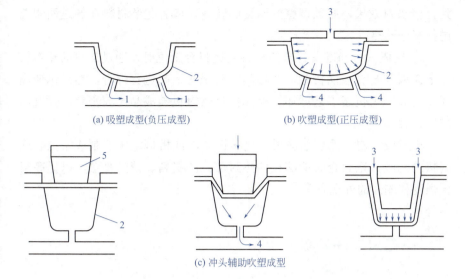

图 3-27 PVC 泡罩成型装置示意图

1—抽真空；2—成型模具；3—压缩空气；4—排气；5—冲头

型的泡罩内，盘刷呈行星轨迹转动方式，以提高加料器的充填率。滚刷置于加料器的出口，绕水平轴按顺时针方向转动，可将薄膜上未进入泡罩的药品刷入泡罩或刷回加料器。

（5）检整装置

在加料器之后及时检查药物充填情况，必要时可人工补片或拣取多余的丸粒。较普遍采用的是紧贴塑料膜片工作的旋转软刷，如图3-28所示，在塑料膜片前行时，伴随着软刷的慢速推扫，多余的片、胶囊或丸粒总是赶往未填充的凹罩方向，借助软刷推扫，空缺的泡罩也必会填入药品。

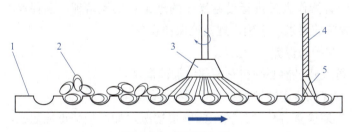

图 3-28 软刷推扫器

1—PVC 泡罩薄片；2—药物；3—旋转软刷；4—围堰；5—软皮板

（6）热封装置

PVC 泡罩内充填好药物，铝箔即覆盖其上，然后将两者封合。其基本原理是将内表面加热，然后加压使 PVC 薄膜和铝箔紧密接触，形成完全密封，在很短时间内完成热封工艺。热封主要有两种形式：辊压式和板压式。

① 辊压式 将准备封合的材料通入转动的两辊之间，使之连续封合，但是包装材料通过转动的两辊之间并在压力作用下停留时间极短，为得

到合格热封效果，必须调整好两辊的转速，或者包装材料在通过两辊前进行充分预热。

② 板压式　当准备封合的材料到达封合工位时，通过加热的热封板和下模板与封合表面接触，并将其紧密压在一起进行焊合，然后迅速离开，完成一个包装工艺循环。板式模具热封包装成品比较平整，封合所需压力大。

热封板（辊）的表面应采用化学铣切法或机械滚压法制成带点状或网状的网纹，在封合时能够拉伸热封部位的材料、消除褶皱，以提高封合强度和成品的外观质量。

3.3.4　任务实施

铝塑泡罩包装机操作：我国药品生产企业在《中国制造 2025》政策的指导和推动下，制药设备由传统手工操作向自动化、信息化、智能化转型，表现在铝塑泡罩包装机采用 PLC 控制，触摸屏操作，变频调速，具有运行参数存储与调用的"配方卡"功能，运行参数可以一键存储，随时调用，提高了生产效率，降低了劳动成本。

铝塑泡罩包装机操作与清洁规范见表 3-8。

3.3.4.1　铝塑泡罩包装机维护与保养

药品生产设备的维护与保养是操作人员的重要工作内容之一。一台精心维护的设备往往可以长期保持良好的性能而无需进行大修，如忽视维护与保养就可能导致设备在短期内损坏，甚至发生事故。药品生产企业应对所有操作人员进行设备操作的理论和实操培训，确保操作人员能够按照规定的要求，正确、规范地操作设备。

（1）维护与保养
① 每天开机前必须在有关部位加油润滑。
② 发现机器运转异常应及时停机维修。
③ 定期检查各传动件轴承的磨损情况，如磨损严重应更换，并加注普通润滑脂（用油枪），注意加注量不应过多。

（2）清洁
① 拆下剩余的 PVC 和铝箔，并按规定保存好。
② 将给料装置上的毛筛、料斗等一一拆下，先用饮用水冲洗干净，目测无上次产品残留物后，再用饮用水冲洗一次、纯化水漂洗一次，确认晾干后装上。
③ 待机器冷却后，用干净的设备清洁专用抹布蘸 95% 乙醇擦拭热合辊、吸泡辊、摆动辊、压辊、进给辊、定导辊、中导辊、小导辊等几根辊。

表 3-8　铝塑泡罩包装机操作与清洁规范

项目	操作与清洁
开机前准备	1. 检查设备状态，设备应处于"设备完好""已清洁"状态。 2. 检查机器各部件是否有松动或错位现象，进行校正并加以紧固。 3. 用 75% 酒精擦拭料斗、模具、台面等部位，晾干。 4. 按包装的药品更换模具、批号码、热封和冲裁等装置并安装到位。将 PVC 和铝箔分别安装在各自承料轴上。 5. 接通气源、水源，检查有无渗漏现象，接通电源给机器预热
生产操作	1. 接通总电源，用手转动机器至少两整圈，无异常后开启电源总开关，电源指示灯亮，变频调速器也相应显示。 2. 启动空压机、真空泵，调节压缩空气压力表读数及真空度。 3. 检查批号装置，确保与来料中间体批号相同。 4. 串好 PVC 和铝箔，在操作界面设定好上加热、下加热和热封的温度。 5. 将机器运行起来，进行牵引气夹的调整，松开锁紧螺钉进行移动，保证气夹边沿与泡罩有 1～2mm 的间隙，并能使泡罩顺利通过。 6. 观察冲裁效果，分别调整成型模具、热封模具、压痕模具及冲裁模具，使包装符合要求。 7. 所有模具调整正常后进行空车运行，泡罩正常方可进行生产。 8. 生产结束后按"准停"使主机停机，关闭电源，然后关闭进气阀、进水阀结束生产
设备清洁与消毒	1. 拆下机器上剩余的 PVC 和铝箔，放入双层洁净塑料袋并挂物料标识退回库房或内包材暂存间。 2. 用吸尘器把设备内部、台面和模具上的残留物料清理干净。 3. 将给料装置上的毛刷、料斗等逐一拆下，送至器具清洗间，先用饮用水冲洗至无残留物，再用饮用水冲洗一遍、纯化水漂洗一遍，最后用 75% 乙醇擦拭料斗并浸泡毛刷，自然晾干后装回设备。 4. 用铜刷把网纹辊刷干净。 5. 用洁净抹布蘸饮用水擦拭模具、台面等部位，再用洁净抹布蘸纯化水擦拭一遍，最后用洁净抹布蘸 75% 乙醇擦拭后晾干。 6. 用蘸饮用水的洁净抹布擦拭监视台及机器表面，再用蘸纯化水的洁净抹布擦拭一遍，最后用蘸 75% 乙醇的洁净抹布擦拭后晾干
安全操作	1. 成型、热封、压痕等部位压力不宜过大，否则影响成品质量。 2. 冲切位置要正确，批号要清晰，压合要严密，点线密合纹要清晰。 3. 开机后切勿用手或身体其他部位接触热封部位，以免烫伤皮肤。 4. 切勿将手或金属物放入切刀位置，以免伤人或损坏机器。 5. 紧急情况下停机应按下"急停"按钮，再次启动时，必须将该按钮向右旋转归位后方能按"启动"按钮。 6. 清洗机器时注意各刀刃位置，以免割伤

④ 用铜刷把网纹辊刷干净，用干净的布擦拭监视台及机器表面。

3.3.4.2　铝塑泡罩包装机常见故障及排除方法

设备操作人员应熟悉所用设备特点，懂得拆装注意事项及鉴别设备正常与异常现象，会进行一般的调整和简单的故障排除，自己不能解决的问题要及时上报，并协同维修人员进行排除。

铝塑泡罩包装机常见故障及排除方法见表 3-9。

表 3-9　铝塑泡罩包装机常见故障及排除方法

故障现象	原因分析	排除方法
吸泡不良	1. 成型加热温度太低，温度场不均。 2. 吸泡滚模上窝底微孔堵塞。 3. 吸泡滚模冷却水温度不合适。 4. 塑料薄膜质量不符合要求。 5. 成型温度太高，泡顶吸薄或吸破	1. 更换加热器，修理加热器电阻丝疏密度。 2. 用压缩空气吹或钢丝疏通。 3. 调节供水量和水温。 4. 更换薄膜。 5. 调低电压
热封不牢	1. 热封温度太低，铝箔上热熔胶未完全熔化。 2. 热封压力不足。 3. 铝箔质量不符合要求	1. 检查加热器是否有损坏，滑环与碳刷接触是否良好。 2. 调节热封网辊压缩弹簧的调节螺钉，增加压力。 3. 更换铝箔
仅在一侧密封，另侧密封不良	吸泡滚模与热封网辊两侧压力不均	调整热封网辊两端的压缩弹簧
周期性密封不良	两辊筒轴变形；两辊筒表面损坏	与制造厂联系修理
仅在中间密封，两侧密封不良	热封网滚轴线与吸泡滚模轴线不平行（在同一平面内，在空间交叉）	调整热封辊支架
起皱纹	1. 铝箔卷筒轴变形，与吸泡滚模轴线不平行。 2. 铝箔中间导辊轴线与吸泡滚模轴线不平行。 3. 铝箔没有铺正	1. 校正轴或制造厂联系修理。 2. 调整导辊。 3. 重新铺正铝箔

3.3.5　思政小课堂

铝塑泡罩包装机为两人以上的操作设备，操作过程中要注意协同，听主操手的命令，防止烫伤、压伤手指。在上海的一家药厂，工人在操作DPP250C型平板式铝塑泡罩包装机时，在未停机的情况下，擅自用手拿模具下面压扁的胶囊，结果手指被压伤，手术切除。操作任何制药设备，除了严格按照标准操作规程操作，更要提高自身素质和责任心。

在安全生产工作中有一个著名法则——海恩法则，海恩法则是德国人帕布斯·海恩提出，他指出，每一起严重事故的背后，必然有29次轻微事故和300次未遂先兆，以及1000个事故隐患。要想消除一起严重事故，就必须把这1000个事故隐患控制住，海恩法则强调了两点：第一，事故的发生是量的积累的结果；第二，再好的技术，再完美的规章，在实际操作的层面，也无法取代人自身的素质和责任心。

每一个安全事故的教训都是惨痛的，每一个安全事故的发生都有其必然性和偶然性。事故无大小之分，身边的一些小事或小疏忽，完全可能引起巨大的事故和损失，而安全事故中的个人损失永远无法用价格来衡量，同学们一定要提高安全意识，提升安全素质，从要我安全到我要安全最后做到我会安全。

3.3.6 任务评价

任务	项目	分数	评分标准	实得分数	备注
铝塑包装机分为哪几种类型		20	不合格不得分		
热封主要有哪两种形式		20			
简述铝塑包装机工作过程		20			
简述铝塑包装机由哪些核心部件组成		20			
简述铝塑包装机常见故障		20			
总分		100			

3.3.7 任务巩固与创新

1. 铝塑包装机送料速度与成型质量之间有何关系?

2. 查阅相关资料,查询目前铝塑包装机存在的问题与发展方向。

项目3 胶囊剂生产设备操作与维护

3.3.8 自我分析与总结

| 学生改错 | 学生学会的内容 |

学生总结：

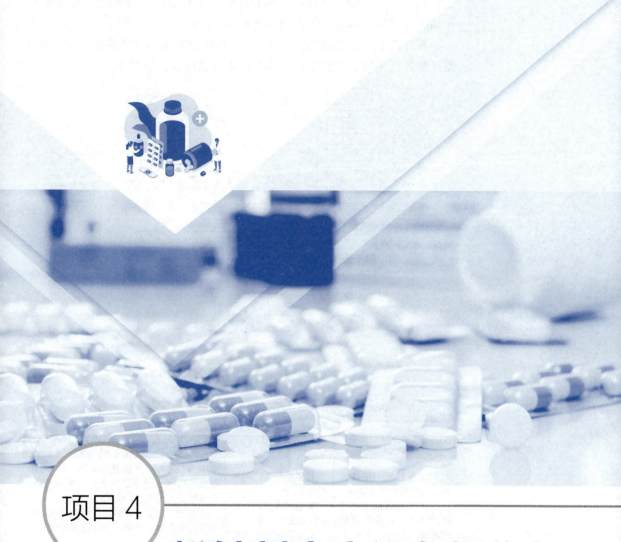

项目 4

粉针剂生产设备操作与维护

项目导读

注射用无菌粉末又称粉针剂，是用无菌操作法生产的非最终灭菌制剂。对于遇热或遇水不稳定的药物，如某些抗生素、一些酶制剂及血浆等生物制剂，为了便于存储、运输和保证药品质量，均需要先制成粉针剂，在临床应用时再以适宜的溶剂溶解后供注射用。

粉针剂生产工艺流程见图 4-1，包括粉针剂玻璃瓶的清洗、灭菌和干燥，粉针剂充填、盖胶塞、轧铝盖、半成品检查、贴签等。

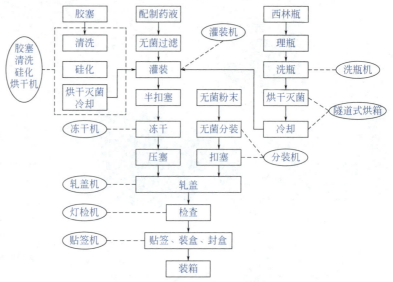

图 4-1　粉针剂生产工艺流程图

项目学习目标

知识目标	能力/技能目标	思政目标
1. 掌握粉针剂生产设备结构组成和工作过程。 2. 熟悉粉针剂生产设备的种类、性能特点和应用范围。 3. 了解粉针剂主要生产岗位	1. 能操作粉针剂生产设备。 2. 能常规维护保养粉针剂生产设备。 3. 能清洁粉针剂生产设备。 4. 能排除常见故障	1. 深挖本项目所蕴藏的敬畏生命、守法诚信、自强创新等思政元素和思政载体，弘扬社会主义核心价值观。 2. 培养学生认真细致、严谨谨慎的工作态度，强化安全质量意识，追求极致的工匠精神。 3. 培养学生自主学习、独立思考、总结和求真创新能力

项目实施

本项目由立式超声波洗瓶机操作与维护、螺杆分装机操作与维护、西林瓶轧盖机操作与维护三个任务构成。在学生掌握了这三种不同类型生产设备的结构组成、工作原理、标准操作、维护保养及如何排除常见故障，理解相关知识和方法之后，便可以顺理成章地完成其他不同类型制药设备的操作、保养与维护。在学习知识的同时，要注重药技、药规培训教育，强化学生求真务实、依规生产、团结协作精神等社会能力。

任务 4.1 立式超声波洗瓶机操作与维护

8. 安瓿超声波洗瓶机组成及原理

4.1.1 任务描述

立式安瓿超声波洗瓶机利用超声波空化作用，可清除用一般洗瓶工艺难以清除的瓶内、外黏附较牢固的物质，自动化程度高，适合于 1～20ml 规格的安瓿。采用立式超声波洗瓶机有利于提高产品质量，符合 GMP 要求，是粉针剂生产过程中常用的清洗设备。

采用网带进瓶，绞龙分瓶，机械手夹瓶，翻转并连续旋转，洗瓶喷灌作往复摆动、跟踪运动。动作准确可靠，生产效率高。

4.1.2 任务学习目标

知识目标	能力/技能目标	思政目标
1. 掌握立式超声波洗瓶机结构组成和工作过程。 2. 熟悉立式超声波洗瓶机性能特点和应用范围。 3. 了解立式超声波洗瓶机主要生产岗位	1. 能操作立式超声波洗瓶机。 2. 能常规维护保养立式超声波洗瓶机。 3. 能排除常见故障	1. 深挖本任务所蕴藏的敬畏生命、守法诚信、自强创新等思政元素和思政载体，弘扬社会主义核心价值观。 2. 培养学生严谨细致、一丝不苟的工作态度，强化质量意识，追求极致的工匠精神。 3. 培养学生学习、思考、总结和求真创新能力

4.1.3 完成任务需要的新知识

4.1.3.1 结构

立式超声波洗瓶机的结构如图 4-2 所示，其结构包括进瓶机构、超声波清洗装置、绞龙提升机构、水气冲洗机构（大转盘）、出瓶机构、主传动系统、水气控制系统、电气控制系统、床身等。

① 进瓶机构主要由电机、减速器、倾斜输瓶网带、喷淋头等组成，保证进瓶时瓶子连续，送瓶稳定。

② 绞龙提升机构主要由变距螺杆、提升架组成，变距螺杆可有效地减少倒瓶、缺瓶现象，只需要旋转运动就可以实现送瓶，有利于输瓶的稳定。

项目 4 粉针剂生产设备操作与维护

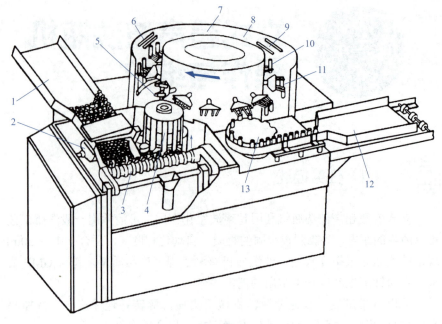

图 4-2　立式超声波洗瓶机结构

1—进瓶机构；2—超声波换能器；3—送瓶螺杆；4—提升轮；5—瓶子翻转工位；
6,7,9—喷水工位；8,10,11—喷气工位；12—出瓶槽；13—出瓶拨轮

③ 超声波清洗装置由安装在床身的水槽、超声波换能器等结构组成。当玻璃瓶在输送网带运送下，由喷淋装置灌满水后浸入水槽中，经过超声波换能器上方时进行超声波清洗，利用超声波的空化作用将瓶子内外壁上的污垢冲击剥落下来。这个过程又称粗洗。

④ 大转盘与水气冲洗机构由主立轴、下水箱、反转凸轮、夹头、排水口、大转盘、冲洗摆动圆盘、喷针装置、传动立轴、轴承座等组成。对超声波清洗后的玻璃瓶进行冲洗、去除污垢并初步吹干。

⑤ 出瓶机构由出瓶拨轮、导轨、传动装置等组成。将冲洗、吹干过的玻璃瓶从机械手上接下来，再逐个输出到下道工序。

⑥ 主传动系统由主电机、减速器、传动轴、凸轮、链轮组成，安装在床身内部，向机器提供动力和扭矩。

⑦ 水气系统由过滤器、阀门、电磁换向阀、水泵、水箱、加热器、排水管及导管组成，向机器提供清洗、冲洗、吹干用洁净水和压缩空气。

⑧ 电气控制系统由操作柜、驱动电路、调速电路、控制电路、超声波发生器、传感装置等组成，用以操作机器。

⑨ 床身包括水槽、立柱、底座、护板及保护罩。为整机安装各种机构、零部件提供基础。通过底座下的调节螺杆可调整机器的水平和整机高度。

4.1.3.2　工作过程

立式超声波洗瓶机工作原理示意见图 4-3 所示。

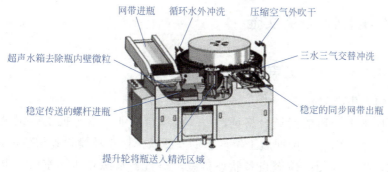

图 4-3 立式超声波洗瓶机工作原理示意图

首先由人工将玻璃瓶放入可调速的进瓶输送网带上，网带与水平面成 30°夹角，瓶子随网带向前输送，经注水板对玻璃瓶喷淋加满循环水（循环水由机内泵提供压力，经过滤后循环使用）。注满水的玻璃瓶下滑到水箱中水面以下时，利用超声波在液体中的空化作用对玻璃瓶进行清洗。超声波换能器紧靠在料槽末端，也与水平面成 30°夹角，故可确保瓶子顺畅通过。瓶子在超声波段清洗 30～60s，清洗槽中水的温度控制在 50～60℃，使超声波处于最佳的工作状态。

经过超声波粗洗的玻璃瓶，在水槽中经送瓶螺杆（绞龙）逐个分离，瓶子稳定而有序地传送至提升轮的 10 个夹瓶器中，夹瓶器由提升轮带动做匀速回转的同时，受固定的圆柱凸轮控制做升降运动，提升轮运转 1 周，送瓶器完成接瓶、上升、交瓶（交到大转盘的机械手上）、下降一个完整的运动周期，逐个将瓶子交给大转盘上的机械手。

大转盘周向均布 12 组机械手机架，每个机架上左右对称装两对带有软性夹头的机械手夹子，大转盘带动机械手匀速旋转，夹子在与提升轮和出瓶拨盘交接的位置上由固定环上的凸轮控制开夹动作接送瓶子。机械手夹住提升轮送来的瓶子（第一工位）后由翻转凸轮控制翻转 180°（第二工位），从而使瓶口向下便于接受下面各工位的水、气冲洗。随后进入水气冲洗工位，由固定在摆环上的射针和喷管完成对瓶子 3 次水和 3 次气的内外冲洗。射针插入瓶内，从射针顶端的多个小孔中喷出的激流冲洗瓶子内壁和瓶底，同时，固定喷头架上的喷头则喷水冲洗瓶外壁，射针和喷管固定在摆环上。摆环由摇摆凸轮和升降凸轮控制完成"上升—跟随大转盘转动—下降—快速返回"这样的运动循环。第三、第四工位喷针由高压的循环水冲洗瓶子的外壁，同时喷针插入内冲循环水；第五工位喷针向瓶内吹入净化的压缩空气，将瓶内残留的循环水排出；第六工位喷针向瓶内喷射新鲜注射用水；第七、第八工位喷针向瓶内吹入净化的压缩空气，排出瓶内余水，同时上部的喷针对瓶外壁进行吹干，排除残留水分，以便烘干。至此完成安瓿瓶清洗全过程。

洗净后的瓶子在机械手夹持下再经翻转凸轮作用翻转 180°，使瓶口向上，夹瓶装置的摆杆沿固定块运动，夹头张开，将瓶送至出瓶拨轮上，出瓶拨轮将瓶推出，瓶子沿轨条进入灭菌干燥烘箱或出瓶盘上。

4.1.4 任务实施

4.1.4.1 立式超声波洗瓶机维护与保养

（1）生产前准备

检查上一班的清场合格证，将"清场合格证"附于批生产记录上，根据"生产指令"接理瓶工位送来的安瓿瓶；检查环境设备卫生、洗涤用水，接空安瓿；检查设备状态标签，检查各水源和压缩空气、电源、各部位润滑情况，手盘车正常。生产前注意事项见图4-4。

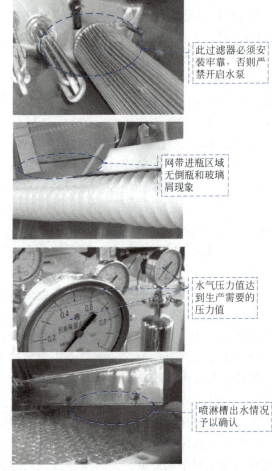

图4-4 生产前注意事项

（2）开机运行

开机运行中注意事项见图4-5。

① 接通控制箱的主开关，绿色信号灯亮，给超声波水槽注满水。

② 打开压缩空气和注射用水控制阀，调整好压力。

③ 打开水泵阀、喷淋小阀和超声波旋钮，检查滤水澄明度，应符合要求。

笔记

 观察喷针水流量

 检查夹臂张开宽度

 检查夹臂、弹簧、摆臂轴承等小零件是否损坏

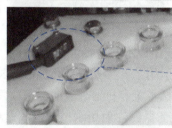 检查计数光纤感应距离、灵敏度

 检查缺瓶检测开关感应距离、灵敏度，及是否有异物挡住

 降级水、循环水水位开关动作是否灵敏，能否确保在不同位置输出正确的信号

图 4-5　开机运行中注意事项

④ 合格安瓿陆续放入送瓶输送带上。

⑤ 正常运行开始：安瓿浸入—超声波清洗—提升轮提升—瓶翻转、大转盘带动水气交替冲洗—翻转、出瓶、推入烘干机中。

⑥ 填写原始操作记录单。

（3）停机

① 工作完毕，关闭主机停机按钮，停止运行。

② 关闭水泵、喷淋、超声波、压缩空气和注射用水等的按钮和阀门。

③ 将水槽内循环水和注射用水过滤器下的余水放尽；水槽内玻璃碴清除。

④ 整机内外部分别进行清洁、整理，应符合要求。

⑤ 经检查合格后，挂上状态标志。

（4）清场

每天使用后及时进行清洁，清洁有效期3天，超时需重新进行清洁。

① 用镊子取出洗瓶机上水槽内的安瓿瓶。

② 用注射用水冲洗转盘各工作位和出瓶拨轮，清洗水流入下水箱。

③ 放空洗瓶机内水槽水，用镊子除去玻璃屑。

④ 在洗瓶机上水槽中插上溢水管注入注射用水清洗，拔出溢水管排水，重复一次。打开洗瓶机下水箱，取出金属过滤网用水冲洗，在洗瓶机下水箱注入注射用水清洗，拔出溢水管，将清洗水排出。

⑤ 用干清洁布吸取少量注射用水，擦拭水槽和机器外表面一遍。

⑥ 用浸有消毒剂的溶液擦拭水槽和机器外表面一遍，并自然干燥。

⑦ 每半月，将压缩空气过滤器、注射用水过滤器和循环水过滤器拆下，按过滤器清洁标准操作规程对过滤器及滤芯进行清洁处理。

⑧ 每月将喷气架和喷水架拆下，用细钢丝疏通喷气头和喷水头。

⑨ 每半年或换安瓿瓶规格时将绞龙和提升块拆下，用水清洗后，安装上。

⑩ 做好设备清洁记录，并更换设备状态牌，清理打扫工作现场。

4.1.4.2 立式超声波洗瓶机维护与保养

药品生产设备的维护与保养是操作人员的重要工作内容之一。一台精心维护的设备往往可以长期保持良好的性能而无需进行大修，如忽视维护与保养就可能导致设备在短期内损坏，甚至发生事故。药品生产企业应对所有操作人员进行设备操作的理论和实操培训，确保操作人员能够按照规定的要求，正确、规范地操作设备。

① 每天对设备进行巡回检查，并作好运转记录。

② 开机前及运转中按规定对各润滑点进行润滑。

③ 经常检查整个系统有无泄漏。

④ 轴承采用脂润滑，每1～2年换一次。

⑤ 过滤器，当水阻等于或大于规定阻力一倍时，应拆下清洗或更换。

4.1.4.3 立式超声波洗瓶机常见故障及排除方法

设备操作人员应熟悉所用设备特点，懂得拆装注意事项及鉴别设备正常与异常现象，会进行一般的调整和简单的故障排除，自己不能解决的问题要及时上报，并协同维修人员进行排除。

立式超声波洗瓶机常见故障及排除方法见表4-1。

表4-1 立式超声波洗瓶机常见故障及排除方法

故障现象	故障原因	排除方法
超声波红色信号灯亮	超声发生器开关未开，超声波故障	打开超声波开关，由专业人员检修超声波装置
循环水压力红色信号灯亮	1. 水泵未开。 2. 水泵出故障。 3. 水位不够。 4. 循环水阀门开启不够。 5. 喷淋水阀门开启不够。 6. 管路泄漏。 7. 过滤器堵塞。 8. 过滤器排气口开启	1. 开启水泵。 2. 检查水泵。 3. 向储水槽内注水。 4. 开启循环水阀门。 5. 开启喷淋水阀门。 6. 检修管路。 7. 更换或清洗滤芯。 8. 关闭排气口
主机过载红色信号灯亮	1. 主传动部件干涉。 2. 进出瓶拨轮卡死。 3. 提升拨轮与机械手交接不对位。 4. 机械手与出瓶拨轮交接不对位。 5. 喷针不能插入瓶内。 6. 电机电流过大	1. 检查传动链。 2. 排除异物。 3. 查明原因并调整对位。 4. 查明原因并调整对位。 5. 查明原因并调整。 6. 查明机器过载原因，并排除电路故障
洗瓶洁净度不够	1. 新鲜水压力不够。 2. 压缩空气压力不够。 3. 滤芯损坏或堵塞。 4. 超声波不工作	1. 加大新鲜水压力。 2. 加大压缩空气压力。 3. 更换滤芯。 4. 检修超声波
掉瓶	1. 机械手与拨轮交接不准。 2. 机械手开合时间不对。 3. 喷针与瓶子不对中	1. 调整拨轮交接。 2. 调整开夹碰块的周向位置。 3. 调整喷针中心

4.1.5 思政小课堂

立式超声波洗瓶机的洗瓶原理是超声波作用于洗瓶的循环水，以很高的频率压迫液体介质振动，使液体分子产生正负交变的冲击波。当声强达到一定数值时，液体中急剧生长微小空化气泡并瞬时强烈闭合，产生强烈的微爆炸和冲击波使被清洗物表面的污物遭到破坏，并从被清洗表面脱落下来。虽然每个空化气泡的作用并不大，但每秒钟有上亿个空化气泡在作用，就具有很好的清洗效果。同时，也说明集体的力量是强大的。

现实生活中，无数实例证明，集体主义可以增强一个人恪尽职守、担当任事的责任心，可以激发一个人面对困难和危险不退缩的战斗力，赋予一个人光辉的人格、英雄的风范。

2020年是极不平凡的一年。在这场人与病毒的较量中,无数张奋战的面孔被人们深深铭记,他们在阻击病毒蔓延中实现了个人的社会价值,在为国为民奉献中成就了大我。300多支医疗队4.2万多名医疗队员为了14亿人的安危义无反顾驰援武汉,舍小家为大家,以生命践行使命,他们是守卫家国安宁的时代英雄。正是个体的甘于牺牲和无私奉献,保障了防疫工作全国上下一盘棋,成全了全国人民的集体福祉。

  中华民族在磨难中成长,中华民族的伟大精神也在不断磨砺中催生。一次次伟大的斗争,一次次辉煌的胜利,其间闪耀的集体主义精神都激励着中国人民团结一心,凝聚起风雨无阻的磅礴力量,实现中华民族伟大复兴。

4.1.6 任务评价

任务	项目	分数	评分标准	实际分数	备注
立式超声波洗瓶机有什么作用和特点？同类产品有哪些（查找型号和生产厂家）		40	不合格不得分		
立式超声波洗瓶机的主要结构组成是什么（看懂结构图）		20			
立式超声波洗瓶机的工作原理是什么		20			
立式超声波洗瓶机有哪些参数需要调试		20			
总分		100			

4.1.7 任务巩固与创新

1. 查阅相关资料，了解目前厂家应用广泛的洗瓶方式有哪几种？

2. 在立式超声波洗瓶机中常见的故障有哪些？如何来调整？

4.1.8 自我分析与总结

学生改错	学生学会的内容

学生总结：

任务 4.2 螺杆分装机操作与维护

9.螺杆分装机的组成及工作原理

4.2.1 任务描述

螺杆分装机在无菌粉针剂生产中占有重要地位，具有结构简单、便于维修，使用中不会产生漏粉、喷粉，适应多品种、多规格的优点；还具有装量精度高、装量调整方便等特点。螺杆的转速、螺杆样式都是影响装量精度的重要因素。图 4-6 为螺杆分装机整体示意图。

图 4-6 螺杆分装机整体示意图

4.2.2 任务学习目标

知识目标	能力/技能目标	思政目标
1. 掌握螺杆分装机结构组成和工作过程。 2. 熟悉螺杆分装机的种类、性能特点和应用范围。 3. 了解螺杆分装机主要生产岗位	1. 能操作螺杆分装机。 2. 能常规维护螺杆分装机。 3. 能排除常见故障	1. 深挖本任务所蕴藏的严谨细致、守法诚信、自强创新等思政元素和思政载体，弘扬社会主义核心价值观。 2. 培养学生严谨细致、一丝不苟的工作态度，强化质量意识，追求极致的工匠精神。 3. 培养学生学习、思考、总结和求真创新能力

项目 4　粉针剂生产设备操作与维护

4.2.3 完成任务需要的新知识

4.2.3.1 结构

图 4-7 所示为双头螺杆分装机，其结构包括输瓶部分、药物输送及分装机构、输塞部分、扣塞部分、传动部分、电气控制部分等。

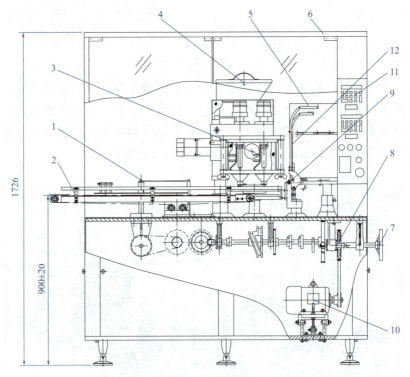

图 4-7 双头螺杆分装机结构示意图

1—理瓶转盘；2—进出瓶轨道；3—分装机构；4—粉斗；5—振荡器；6—有机玻璃罩；7—手摇轴；8—传动机构；9—压塞机构；10—主电机；11—控制面板；12—下塞轨道

输瓶部分包括理瓶转盘、进瓶轨道、出瓶轨道。理瓶转盘用来理顺杂乱无章的西林瓶，进、出瓶轨道主要是用来将西林瓶送入间歇分装控瓶盘后，将分装、扣塞好的西林瓶送出螺杆分装机，并使其进入下一道工序。

药物输送及分装机构包括粉斗、送粉螺杆、分装机构。粉斗内的药粉由送粉螺杆将其送入分装机构，分装机构内的分装螺杆通过步进电机的旋转步数准确控制下粉量的多少，从而达到 GMP 要求。

输塞、扣塞部分包括电磁振荡胶塞斗、落塞轨道、真空吸塞装置、扣塞器。电磁振荡器将胶塞斗内杂乱无章的胶塞理顺后，通过下塞轨道将胶塞送入扣塞器，扣塞器准确将胶塞压入瓶口内，从而达到工艺要求。

4.2.3.2 工作过程

图 4-8 所示为双头螺杆分装机的工作原理，包括西林瓶输送、药物输送、分装、输塞、扣塞等。

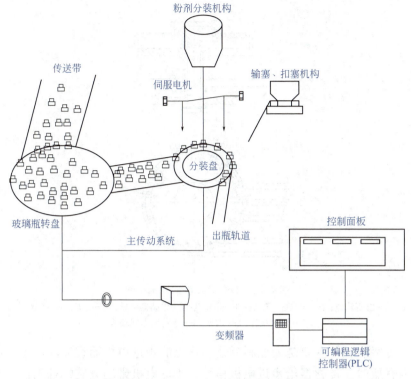

图 4-8 双头螺杆分装机工作原理示意图

（1）西林瓶的输送

干热灭菌后的西林瓶由输送带送至理瓶转盘，通过旋转的理瓶转盘，使瓶子整齐有序地通过双排轨道进入分装盘，分装盘间歇转动，依次将瓶子送至分装位置和扣塞位置，由两个螺杆分装头完成药粉定量分装，由两个扣塞器完成扣胶塞动作，经出瓶轨道输出。如图 4-9 所示。

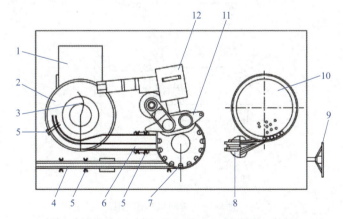

图 4-9 双头螺杆分装机结构示意图

1—上瓶方盘；2—理瓶转盘；3—拨瓶片；4—出瓶轨道；5—调节螺钉；6—双排进瓶轨道；7—分装盘；8—扣塞器；9—手轮；10—胶塞斗；11—分装头；12—盛粉斗

分装盘是螺杆分装机定位进行分装及加塞的主要机构，它定位的准确性直接关系到整台设备的成品率，结构见图 4-10。

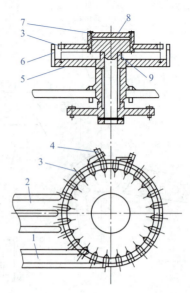

图 4-10 等分分装盘结构示意图

1—出瓶轨道；2—双排进瓶轨道；3—分装盘；4—传感器磁铁；5—支架；6—挡圈；
7—压紧螺钉；8—压盖；9—单向推力球轴承

传感器磁铁主要是为控制分装螺杆上的步进电机而设立的，当控瓶盘内有瓶时，传感器给步进电机信号，步进电机带动分装螺杆工作，准确做到无瓶不分装。

（2）药物的输送与分装

药物的输送由喂料送粉机构完成，如图 4-11 所示。将药粉加入粉斗，粉斗底部的两个送粉螺杆由各自的小电机通过减速器带动进行连续旋转，输送药粉至分装喇叭漏斗内。

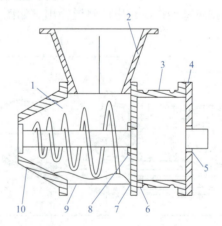

图 4-11 送粉机构示意图

1—送粉螺杆；2—粉斗；3—套筒；4—支架；5,7—轴承；6—卸粉口；
8—挡粉环；9—送粉；10—送粉出口

药物的计量分装由分装头完成。如图 4-12 所示，每个分装喇叭漏斗内设一个计量螺杆，由伺服电机控制其单向间歇旋转一定的角度（转数）对药粉进行计量。当计量螺杆转动时，药粉通过分装头下部的开口定量加到玻璃瓶中,旋转一周,每个螺距输送粉剂的量相同。计量螺杆与导料管壁间隙均匀,一般间隙为0.2mm,通过控制螺杆转角实现精确控制药粉的量(±2%),为使粉剂加料均匀,料斗内还有一搅拌桨,连续反向旋转以疏松药粉。

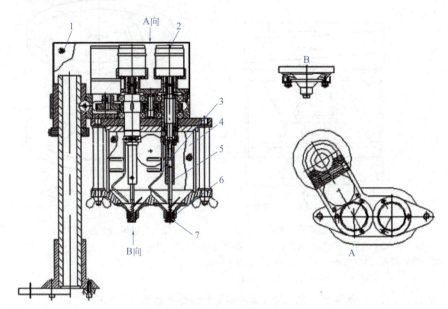

图4-12 螺杆分装头结构示意图
1—有机玻璃罩;2—步进电机;3—搅拌器及下粉螺杆;4—观察用玻璃罩;
5—下粉螺杆连接轴;6—锁紧螺钉;7—计量螺杆

(3)输塞、扣塞原理

将处理好的胶塞加入胶塞料斗,当电磁振荡器振荡时,料斗内的胶塞便沿着料斗内壁的双行螺旋轨道向上跳动。当胶塞小端朝上时便顺利通过理塞位置;当胶塞大端朝上时,到达理塞位置便被凸形弹簧片挤到轨道边缘缺口处而掉入料斗中并重新上升。通过理塞位置的胶塞继续上升到最高处,落入料斗外的输塞轨道并继续下滑到扣塞器的位置,由扣塞器完成接塞和扣塞动作。

扣塞器有机械叼塞和真空吸塞两种,真空吸塞装置是运用真空吸力完成接塞动作。扣塞器可以往复转动90°,当扣塞器逆向转90°时,完成接塞动作。当扣塞器顺向转完90°时,胶塞刚好落入转盘上的西林瓶口,完成扣塞动作。

(4)电磁振荡输塞装置

电磁振荡输塞装置是靠振动力把胶塞连续输送到输塞轨道,其结构如图4-13所示。料斗底部装一衔铁,底盘上装一电磁铁,料斗和底盘之间装有三根倾斜板弹簧,底盘与机架之间的相应位置装有三根压缩弹簧。电磁线圈的供电方式是单相交流激磁、单相半波整流激磁、交直流联合激磁。在工作过程中,磁力骤增的瞬间电磁铁对衔铁产生吸引力,使料斗以直线移动和旋转运动的复合运动形式与底盘相向位移,从而使主振弹簧和辅振弹簧发生综合变形。反之，电磁骤减瞬间，已变形的主、辅振弹簧在弹力作用下带动料斗沿相反方向运动。如此不断循环即形成高频微幅振动。在高频微幅振动作用下，料斗内的胶塞沿其内侧螺旋滑道向上爬行。

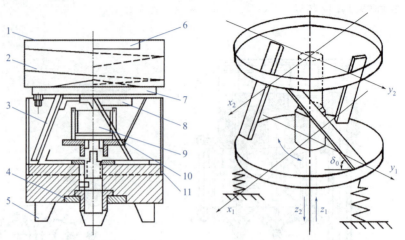

（a）电磁振荡输塞装置　　（b）电磁振动受力示意图

1—盛塞斗；2—滑道；3—激振板弹簧；4—间隙调节板；
5—橡胶减振支撑柱；6—出塞口；7—托盘；8—衔铁；
9—电磁线圈；10—铁芯；11—底盘

图 4-13　电磁振荡输塞装置和电磁振动受力示意图

4.2.4　任务实施

4.2.4.1　螺杆分装机操作

螺杆分装机开机前静态检查见表 4-2，螺杆分装机设备空载运行检查见表 4-3。

表 4-2　螺杆分装机开机前静态检查

目的	主要部件图示
确保所有交接工位无空瓶或无异物	进瓶部件
	主输送部件

续表

目的	主要部件图示
确保所有交接工位无空瓶或无异物	出瓶部件 
确保整机所有伺服电机回到原点位置	PLC 控制面板 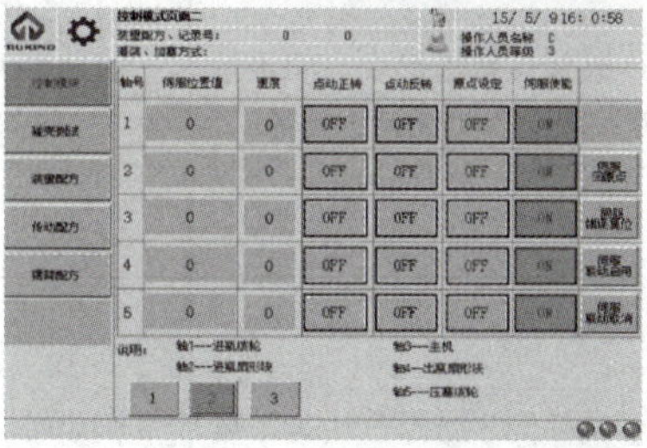
确保进瓶同步带与理瓶盘/进瓶拨轮交接处无倒卡瓶现象	进瓶拨轮交接处 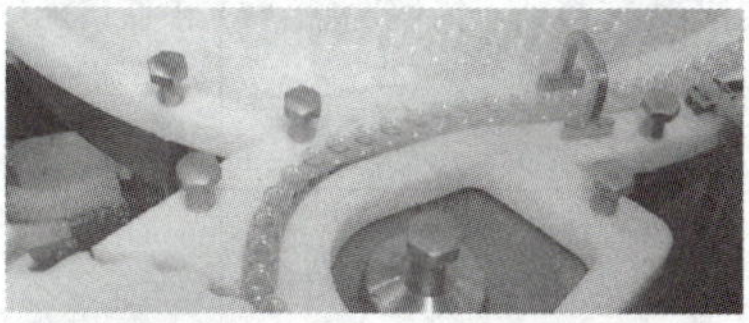
检查理塞斗内无卡住的或剩余的塞子,如有需清理干净	理塞斗 
确保取样真空泵中油的储存量,在标准液面范围	真空泵 
确保真空管路中的真空过滤器中无碎屑、无异物,保证真空管路畅通。滤芯必须成90°	真空管路 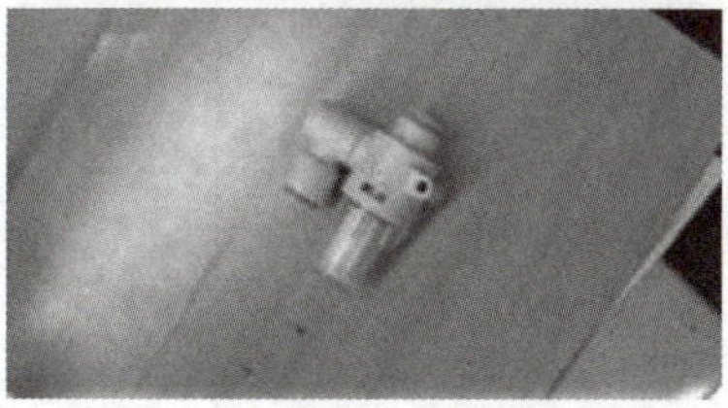

项目4 粉针剂生产设备操作与维护

表 4-3　螺杆分装机设备空载运行检查

目的	主要部件	图示
确保进瓶拨轮与扇形块交接处无错位现象	进瓶拨轮与扇形块交接处	
确保进瓶扇形块与同步带定位块交接处无错位现象	进瓶扇形块与同步带定位块交接处	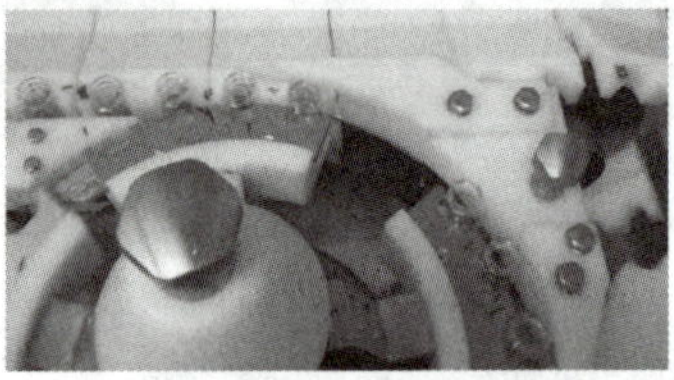
确保同步带定位块与出瓶扇形块交接处无错位现象	同步带定位块与出瓶扇形块交接处	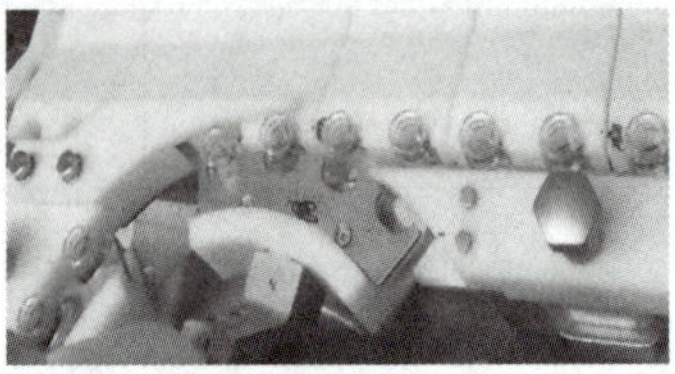
确保出瓶扇形块与加塞拨轮交接处无错位现象	出瓶扇形块与加塞拨轮交接处	
确保加塞拨轮与过渡拨轮交接处无错位现象	加塞拨轮与过渡拨轮交接处	
确保过渡拨轮与取样绞龙交接处无错位现象	过渡拨轮与取样绞龙交接处	
确保粉嘴与瓶口对中，药粉全部灌入瓶中	粉嘴与瓶口	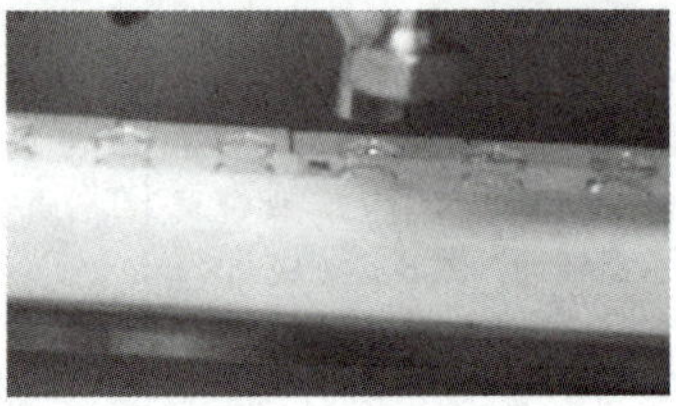

4.2.4.2 日常清洁维护

建议进行操作的时间间隔（清洁维护的频率应该根据用户生产批次的频繁度进行调整），日常清洁维护见表 4-4。

表 4-4 日常清洁维护

操作	频率			
	每日	每周	每月	每年
开机检查	1. 更换品种时检查规格件是否符合要求；检查真空度、压缩空气是否符合要求，打开阀门。 2. 检查传送部件动作是否协调。 3. 检查信号报警系统是否准确。 4. 检查电子秤工作状态是否异常			
机器外表清洁	在每班生产结束或更换规格件时，擦拭规格件表面、机器台板，清除工作过程中留下的各种碎片、粉末或其他残留物			
规格件和机器上的其他塑料件的清洁	用抹布蘸温的纯化水混合而成的清洁剂进行擦拭，接着用抹布蘸纯化水擦拭，最后用干净的布擦干	用温的纯化水混合合适的清洁剂清洗规格件，然后用纯化水冲洗干净，最后用干净的布擦干		
钢制规格件（不与药粉接触）的清洁	用抹布蘸温的纯化水混合而成的清洁剂进行擦拭，接着用抹布蘸纯化水擦拭，最后用干净的布擦干	用温的纯化水混合合适的清洁剂清洗规格件，然后用纯化水冲洗干净，最后用干净的布擦干		

续表

操作	频率			
	每日	每周	每月	每年
钢制规格件（与分装物料接触）的清洁和灭菌	1. 先用温的纯化水混合合适的清洁剂清洗规格件，然后用纯化水冲洗干净，最后用干净的布擦干。 2. 将所有拆下并清洗完毕的不锈钢零部件进行121℃湿热灭菌。其中螺杆与转轴套在清洗及灭菌时均单独放置，请勿与其他零件混洗以免碰撞压迫变形			
非钢制规格件（与分装物料接触）的清洁和灭菌	1. 先用温的纯化水混合合适的清洁剂清洗规格件，然后用纯化水冲洗干净，最后用干净的布擦干。 2. PEEK（聚醚醚酮）材质的密封件可进行121℃湿热灭菌。 3. 硅橡胶类的密封圈与视镜不能进行高温灭菌，可考虑用酒精浸泡灭菌或用VHP（汽化过氧化氢）灭菌方式			
同步带的清洁	用抹布蘸温的纯化水混合而成的清洁剂进行擦拭，接着用抹布蘸纯化水擦拭，最后用干净的布擦干			用温的纯化水混合合适的清洁剂清洗规格件，然后用纯化水冲洗干净，最后用干净的布擦干
规格件的维护	检查规格件间隙，如有需要则进行调整		检查塑料规格件的磨损程度，如有必要则更换	检查规格件的磨损程度，如有必要则更换

续表

操作	频率			
	每日	每周	每月	每年
传动机构的维护	检查传送部件动作是否协调,如果有错位现象必须通过控制器进行调整,并检查各个系统是否有卡滞等异常现象,如有异常则进行调整	对各传动部件处的连接件（如螺丝、螺栓等）的松紧进行检查,如发现松脱,应及时调整和紧固	检查传动件润滑情况,用合适的润滑脂润滑传动件	检查磨损程度,如果有必要则更换传动部件
同步带维护			检查同步带张紧情况,如有松动请张紧	检查同步带磨损程度及张紧情况,如果有必要则更换整个同步带
气体通道维护	检查是否有玻璃碴等影响气道的通畅,如有则清理,吸尘器过滤袋内药粉每天清理		检查气道是否通畅,是否有漏气现象,对管道进行维护	

4.2.4.3 双头螺杆分装机的维护保养与清洁

药品生产设备的维护与保养是操作人员的重要工作内容之一。一台精心维护的设备往往可以长期保持良好的性能而无需进行大修,如忽视维护与保养就可能导致设备在短期内损坏,甚至发生事故。药品生产企业应对所有操作人员进行设备操作的理论和实操培训,确保操作人员能够按照规定的要求,正确、规范地操作设备。

（1）双头螺杆分装机的维护保养

① 在各运动部位加注润滑油,槽凸轮及齿轮等部件可加钙基润滑脂进行润滑。

② 开机前应检查各部分是否正常,确实证明正常后方可进行操作。

③ 调整机器时,工具要适当,严禁用过大的工具或用力过猛来装拆零件,以免损坏机件或影响机器性能。

④ 机器必须保持清洁,机器上不允许有油污,以免损坏机器。

⑤ 工作完毕要擦拭好机器,切断电源。

⑥ 做清洁工作时,应用软布擦拭,严禁用水冲洗或淋洗。

⑦ 应定期进行检修,及时更换磨损的零件（一般每月小检修一次,每年大检修一次）。

（2）螺杆分装机清洁规程

目的：为确保机器正常运转,并保持设备处于洁净、完好无损的状态。

① 清洁频率

a. 每天操作前、后各清洁 1 次。

b. 更换品种、规格时清洁 1 次。

c. 维修保养后进行清洁。

d. 清洁工具：不脱落纤维的超细布。

② 清洁剂：洗涤剂。

③ 消毒剂：75% 乙醇溶液，0.2% 新洁尔灭、1% 碳酸钠溶液（每月轮换使用）。

④ 清洁方法

A. 操作前的清洁消毒

a. 将不脱落纤维的超细布用 75% 乙醇溶液浸湿后，擦拭胶塞轨道、拨盘等部件。

b. 用 75% 乙醇溶液擦拭分装机各部位。

B. 工作结束后的清洁消毒

a. 将分装机接触药粉的部件如料斗、送粉器、送粉螺杆、顶板、视粉罩、搅拌器、送粉小螺杆等卸下，用 1% Na_2CO_3 溶液浸泡 5min，再用注射用水清洗干净后，置电热烘箱灭菌 180℃ 2h。不能干热灭菌的有机玻璃视粉罩、送粉漏斗，用 75% 乙醇浸泡 15min，擦净残粉晾干后，置于操作台上，打开臭氧发生器，消毒 1h。

b. 拆下拨盘，取出胶塞振荡器，以及轨道拨盘、分装机，先用注射用水擦洗，再用 1% Na_2CO_3 溶液擦拭，最后用 75% 乙醇溶液擦拭消毒。清洁完毕，填写设备清洁记录，QA 检查员检查合格后，签字并贴挂"已清洁"状态标识。

c. 清洁效果评价：设备清洁后表面应光洁，无药粉残留物，无油污。

d. 清洁工具按清洁工具标准操作规程处理，存放于清洁工具间指定位置并有标示。

4.2.4.4 螺杆分装机常见故障及排除方法

设备操作人员应熟悉所用设备特点，懂得拆装注意事项及鉴别设备正常与异常现象，会进行一般的调整和简单的故障排除，自己不能解决的问题要及时上报，并协同维修人员进行排除。

双头螺杆分装机常见故障及排除方法见表 4-5。

表 4-5 双头螺杆分装机常见故障及排除方法

常见故障	故障分析	排除方法
卡瓶	1. 转盘进入轨道上走瓶不顺畅。 2. 进、出瓶轨道内卡瓶。 3. 运输带及同步带磨损严重	1. 调节理瓶转盘围栏上的蝴蝶螺丝至适当宽度，使其走瓶顺畅。 2. 调节进、出瓶轨道上的 4 个螺钉至适当宽度。 3. 重新更换运输带及同步带

续表

常见故障	故障分析	排除方法
瓶不入位	卡瓶后分装控瓶盘移位	松开控瓶盘上的两个压紧螺钉,将控瓶盘校正,使瓶能准确进入控瓶盘槽内
机器运转正常,但送瓶拨盘停止转动	送瓶拨盘被瓶子卡住	取出瓶子,转动送瓶拨盘使其复位
运转中突然停车或开不了车	1. 计量螺杆跳动量过大。 2. 计量螺杆与粉嘴接触,造成控制电器自动断电	1. 拆卸漏斗,调整计量螺杆。 2. 调整漏斗使其不与计量螺杆发生接触
主机不启动	1. 控制箱内开关未合闸。 2. 保险丝熔断。 3. 电源电压过低。 4. 电器元件失灵	1. 合上空气开关。 2. 查明原因,更换熔丝。 3. 测量电压,排除故障。 4. 更换电器元件
装量不准	1. 装粉漏斗粉位太低或太高。 2. 药粒粘满计量螺杆。 3. 伺服电机及控制系统故障。 4. 计量螺杆与落粉头空隙不相配。 5. 搅拌不均匀,药粉有结块	1 调节输粉螺杆加粉量。 2. 拆开漏斗,清除药粉。 3. 排除伺服电机故障或重新设定控制系统参数。 4. 调落粉头。 5. 调整好搅拌螺杆,排除水分
分装头不转	1. 人机界面未设定好。 2. 保险丝熔断。 3. 螺杆与漏斗相碰。 4. 药粉含水量过大	1. 检查参数并修订。 2. 查明原因,更换熔丝。 3. 调整螺杆。 4. 按工艺要求解决
胶塞振荡器不振荡或振荡力不足	1. 电源断线。 2. 调压电位器坏。 3. 振片紧固螺钉松动。 4. 振片折断。 5. 衔铁间隙超出正常范围	1. 接好电源线。 2. 更换电位器。 3. 拧紧紧固螺钉。 4. 换同规格弹簧片。 5. 按要求调整好间隙,间隙为1~1.5mm
胶塞供量不足	1. 弹簧片松动或外力造成振荡不均。 2. 电位器失控	1. 紧固弹簧片;调整电磁铁静、动磁铁之间间隙。 2. 更换电位器
下塞不顺畅或胶塞连续下落	1. 振荡斗与下塞轨道配合不好。 2. 下塞轨道与扣头配合不好。 3. 胶塞卡口松	1. 松开振荡器立轴上的固定螺钉,旋动振荡器,调整到适当位置。 2. 调整至适当位置。 3. 调整胶塞卡口
加塞不准确	1. 扣塞器扣塞不准确。 2. 控瓶盘变形。 3. 控瓶盘有微小位移。 4. 胶塞卡口与瓶子不对位	1. 校正扣塞器。 2. 更换瓶盘。 3. 松开瓶盘上的两个压紧螺钉,进行校正。 4. 调整卡口与瓶子的对中性
噪声大	下塞轨道与振荡斗碰撞	调整振荡器与下塞轨道的距离,距离2~3mm为最佳
无瓶灌装	1. 电磁传感器损坏。 2. 电磁传感器弹簧损坏	1. 更换电磁传感器。 2. 更换弹簧,检查传感器

项目4 粉针剂生产设备操作与维护 133

4.2.5 思政小课堂

螺杆分装机分装过程中用送粉螺杆输送药粉。通过送粉螺杆的螺旋转动，将药粉输送到药粉斗。螺旋机构是制药设备中应用广泛的机构，事物的发展包括人生都是呈螺旋式上升趋势的，而且是大螺旋之中又有小螺旋。这是一种客观的规律：人生的轨迹总是在不断向上螺旋发展走向阳光面的同时也在逐步走向它的阴暗面，再由阴暗面走向光明面。但是人生没有多少机会让我们转几圈大螺旋，一般人可能是转一圈，故我们要设计好自己的人生轨道，稳步走好自己的人生。

当然，我们在发展的过程中并不是单纯的一路向上，也可以调整好步伐，让自己走得更稳，适当时候也可以横向走动使自己的人生"小螺旋"更紧凑。当稳步、踏实的岗位更适合自己时，左、右的横向走动既能增长知识、充实自己，又不会令自己死水一潭、停止不前，而是在运动中前进。掌握好自己的前进步伐，对本人及企业的发展都有好处，不论是做人或是办企业，走的步伐都不要太快，否则在前进中一下子跨步太大，往往容易在人生的某个转折点上栽跟斗。

4.2.6 任务评价

任务	项目	分数	评分标准	实得分数	备注
看示意图掌握螺杆分装机结构	主要部件	20	不合格不得分		
掌握螺杆分装机工作过程		20			
简述螺杆分装机核心组件		20			
掌握螺杆分装机喇叭漏斗的作用		20			
简述螺杆分装机输塞扣塞原理		20			
总分		100			

 ### 4.2.7 任务巩固与创新

1. 查阅资料，双头螺杆分装机有哪些产品？（查找型号和生产厂家）

2. 如何维护双头螺杆分装机？有哪些注意事项？

笔记

 4.2.8　自我分析与总结

学生改错	学生学会的内容

学生总结：

任务 4.3 西林瓶轧盖机操作与维护

10. 西林瓶轧盖机组成及工作原理

4.3.1 任务描述

西林瓶（抗生素瓶）轧盖机是对粉剂经分装压塞、液剂灌装全压塞以及冻干压塞后，用铝（铝塑）盖对压塞的抗生素瓶进行再密封与保护。无菌注射剂要求轧盖后铝盖不松动且无泄漏。

轧盖机的种类很多，根据操作方式不同分为手动、半自动、全自动轧盖机。按铝盖收边成型的工作原理不同，轧盖机分为卡口式（开合式）和滚压式（旋转式）两种。卡口式是利用分瓣的卡口模具将铝盖收口包封在瓶口上，卡口模具有三瓣、四瓣、六瓣、八瓣等。滚压式是利用旋转的滚刀通过横向进给将铝盖滚压在瓶口上。滚压式轧盖机根据滚刀数量不同分为单刀式和三刀式；根据轧刀头数不同分为单头式和多头式；根据瓶子在轧盖时是否运动，三刀式轧盖机分为瓶子不动和瓶子随动两种。

本任务简述滚压式轧盖机。单刀式多头轧盖机和三刀式多头滚压式轧盖机因轧盖严实、美观，铝盖、铝塑盖兼容性好，胶塞不松动，密封性能好，结构简单，轧刀调整较为简便，操作和维护简单易行等特点，应用最为广泛。如图 4-14 为西林瓶轧盖机整体示意图。

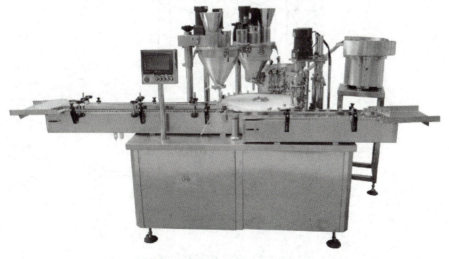

图 4-14　西林瓶轧盖机整体示意图

4.3.2 任务学习目标

知识目标	能力/技能目标	思政目标
1. 掌握西林瓶轧盖机结构组成和工作过程。 2. 熟悉西林瓶轧盖机的种类、性能特点和应用范围。 3. 了解西林瓶轧盖机主要生产岗位	1. 能操作西林瓶轧盖机。 2. 能常规维护保养西林瓶轧盖机。 3. 能排除常见故障	1. 深挖本任务所蕴藏的敬畏生命、守法诚信、自强创新等思政元素和思政载体,弘扬社会主义核心价值观。 2. 培养学生严谨细致、一丝不苟的工作态度,强化质量意识,追求极致的工匠精神。 3. 培养学生学习、思考、总结和求真创新能力

 4.3.3 完成任务需要的新知识

4.3.3.1 结构

滚压式轧盖机由理瓶转盘、进瓶轨道、出瓶轨道、理盖振荡器、轧头体机构、等分拨瓶盘、传动机构、主电机、下盖轨道与电气控制部分等组成。结构如图 4-15 所示。

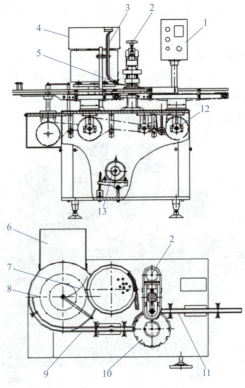

图 4-15 KLG120 型三刀头滚压式轧盖机结构

1—控制面板;2—轧盖机构;3—落盖轨道;4—理盖斗;5—挂盖位置;6—上瓶方盘;7—拨瓶片;8—理瓶转盘;9—进瓶轨道;10—等分拨瓶盘;11—出瓶轨道;12—传动系统;13—主电机

理瓶转盘、进瓶轨道、出瓶轨道、等分拨瓶盘的作用与螺杆分装机相应部分相同。振荡理盖机构是将铝盖漏斗内杂乱无章的铝盖理顺后，通过落盖轨道将铝盖送至挂盖位置，挂在西林瓶瓶口上，轧盖机将落到瓶口的铝盖进行滚压密封。

4.3.3.2 工作过程

（1）振荡理盖机构

是将理盖斗内杂乱无章的铝盖理顺后，通过落盖轨道将铝盖送至挂盖位置，挂在西林瓶口上。轧盖机构将挂在瓶口上的铝盖进行滚压密封。

（2）工作原理

KLG120型滚压式轧盖机是三刀式多头滚压式轧盖机。

工作时，将铝盖放入理盖斗，在电磁振荡器的作用下，铝盖沿理盖斗内的螺旋轨道向上跳动，上升到轨道缺口、弹簧处完成理盖动作，口朝上的铝盖继续上升到最高处后再落入料斗外的输盖轨道，沿输盖轨道下滑到西林瓶的挂盖位置；同时，西林瓶由理瓶转盘送入进瓶轨道，由输送链条将瓶送入等分拨瓶盘的凹槽，随拨瓶盘间歇转到挂盖位置接住铝盖后，继续转到轧头体下，由轧头体系统完成轧盖动作，随后，西林瓶被拨瓶盘推入出瓶轨道，由输送带送出。

电磁振荡输盖装置的结构、原理参见螺杆分装机。

（3）轧盖机构的结构原理

滚压式轧盖装置分为瓶子不动式和瓶子随动式两种。

① 瓶子不动式三刀滚压型 该种型式轧盖装置由三组滚压刀头及连接刀头的旋转体、铝盖压边套、芯杆、皮带轮组及电机组成。轧盖过程是电机通过皮带轮组带动滚压刀头高速旋转，转速约每分钟2000转，在偏心轮带动下，轧盖装置整体向下运动，先是压边套盖住铝盖，只露出铝盖边缘待收边的部分，在继续下降过程中，滚压刀头在沿压边套外壁下滑的同时，在高速旋转离心力作用下向心收拢滚压铝盖边缘使其收口，见图4-16。

② 瓶子随动式三刀滚压型 该型压盖装置由电机、传动齿轮组、七组滚压刀组件、中心固定轴、回转轴、控制滚压刀组件上下运动的平面凸轮和控制滚压刀离合的槽形凸轮等组成。轧盖过程：扣上铝盖的西林瓶在拨瓶盘带动下进入一组正好转动过来并已下降的滚压刀下，滚压刀组件中的压边套先压住铝盖，在继续转动中，滚压刀通过槽形凸轮下降并借助自转在弹簧力作用下，在行进中将铝盖收边轧封在西林瓶口上。如图4-17所示，轧刀轧卷铝盖，使待轧盖的容器密封性达到最佳效果；压紧弹簧缓冲轧刀的冲击力，以此减少轧刀对待轧容器的破损率；调整螺杆A调整压紧弹簧压力大小；压紧螺帽锁紧螺杆A，防止调整螺杆松动而影响轧盖质量；锁紧螺帽调整轧刀的高低后固定调整螺杆B，防止调整螺杆B松动而影响轧盖质量；调整螺杆B微量调整轧刀与瓶口之间高

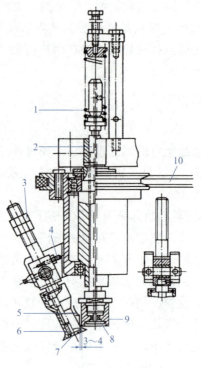

图 4-16 不动式三刀轧盖装置

1—压紧弹簧；2—导杆；3—配重螺母；4—止退螺钉；5—刀头限定位置；6—刀头；7—螺塞；8—直杆；9—压套；10—三角皮带

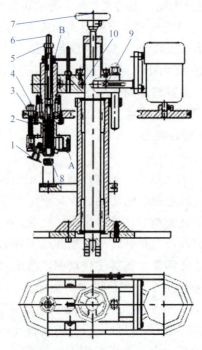

图 4-17 随动式三刀轧盖装置

1—轧刀；2—压紧弹簧；3—调整螺杆 A；4—压紧螺帽；5—锁紧螺帽；6—调整螺杆 B；7—调整手柄；8—轧盖头；9—调整螺丝 A；10—调整螺丝 B

低,以此来调整轧盖后盖和容器配合的紧密度与精确度,使轧盖后的密封达到最佳效果;用调整手柄调整轧刀座的高低以适应各种容器的轧盖;轧盖头压紧瓶盖与待轧盖容器,保证紧密性;调整螺丝 A 锁紧调整手柄,当轧盖座调整到适当高度后,锁紧调整螺丝 A 以防止因轧盖座的高低位移而影响轧盖质量;用调整螺丝 B 调整皮带的松紧。

4.3.4 任务实施

4.3.4.1 西林瓶轧盖机操作

西林瓶轧盖机开机前静态检查见表 4-6,设备空载运行检查见表 4-7。

表 4-6 开机前静态检查

目的	主要部件图示
检查进瓶网带上无倒瓶,联动控制装置是否感应灵敏	网带进瓶区域无倒瓶和玻璃屑现象
进瓶绞龙处无倒瓶进入,并检查是否有遗留异物或玻屑,做相应清理。检查绞龙与拨轮是否对好	绞龙区域无进瓶、倒瓶、卡瓶现象
检查理盖斗内盖子料位是否正常,如果少盖需加盖。检查缺盖检测功能是否正常	理盖斗料位正常

表 4-7 设备空载运行检查

目的	主要部件图示
检查真空吸铝屑装置，吸尘器是否正常；吸气板口吸力是否有达标	调整吸尘器吸气正常
检查绞龙同步带是否张紧，使其同步带张紧适度	调整进瓶绞龙和出瓶分瓶绞龙同步带张紧轮，其同步带张紧适度
检查剔废伺服电机是否正常	检查剔废伺服电机是否正常
检查胶塞密封性检测槽型光纤感应距离及感应灵敏度是否与实际应用相符	检查胶塞密封性检测槽型光纤感应是否灵敏
检查落盖轨道缺盖光纤感应距离及感应灵敏度是否与实际应用相符	检查落盖轨道缺盖光纤感应是否灵敏

续表

目的	主要部件图示
检查原点光纤感应距离及感应灵敏度是否与实际应用相符	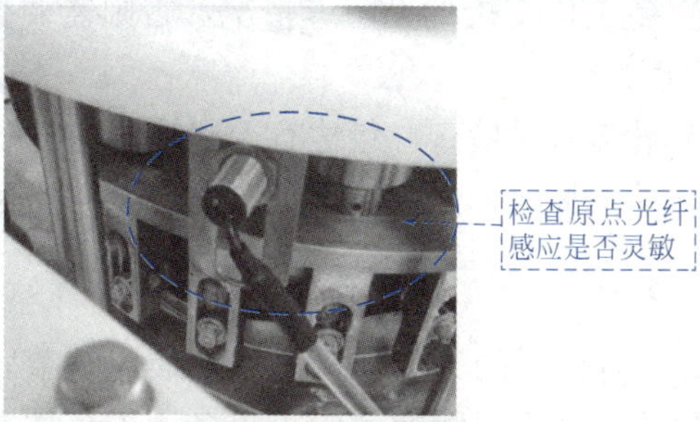 检查原点光纤感应是否灵敏
检查铝盖色标感应距离及感应灵敏度是否与实际应用相符	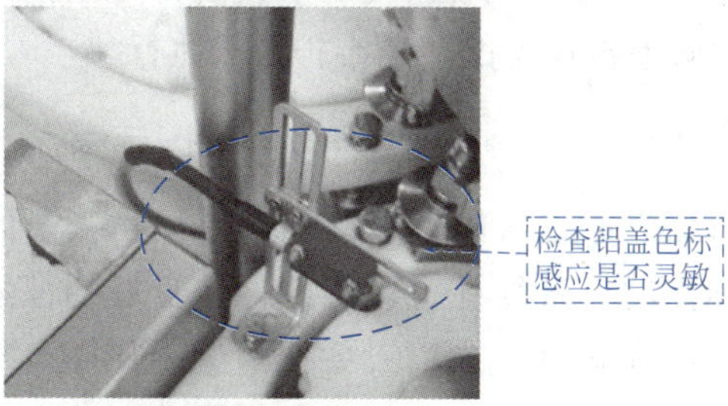 检查铝盖色标感应是否灵敏
检查各计数光纤感应距离及感应灵敏度是否与实际应用相符	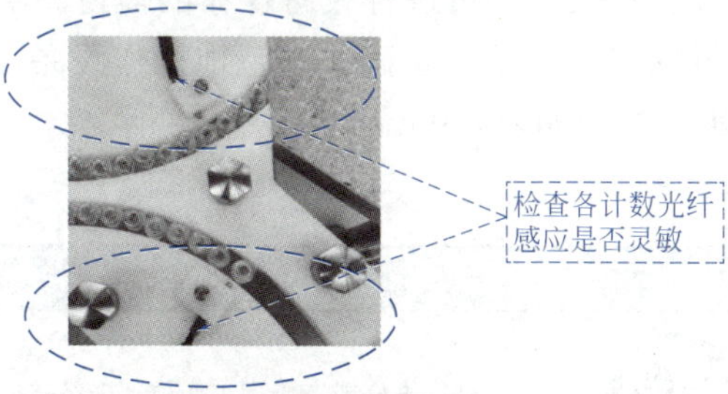 检查各计数光纤感应是否灵敏
检查固定安全门开关的螺丝是否足够紧，以免在设备运行时脱落而影响安全控制	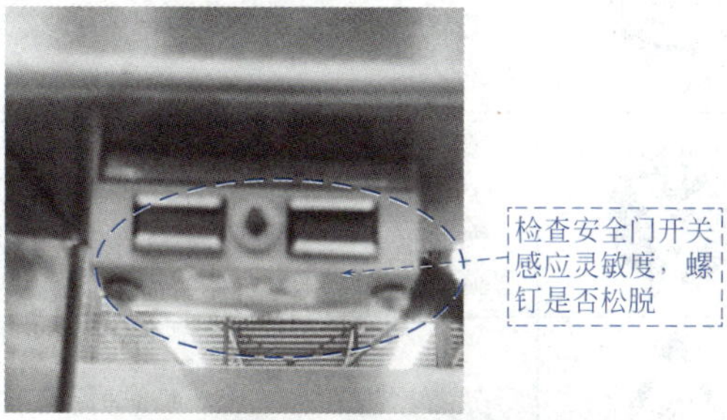 检查安全门开关感应灵敏度，螺钉是否松脱
启动层流电机，检查层流系统风速是否符合要求	

4.3.4.2 生产过程动态监测

① 破损率跟踪记录：要求西林瓶破损率≤0.1%（2ml）；超过标准需报告机修人员处理或自行检修；

项目4 粉针剂生产设备操作与维护

② 有无异常噪声，报告机修人员分析处理；

③ 挂盖是否流畅，无戴偏、漏戴情况，否则需停机调整挂盖工位；

④ 各工位交接处无阻卡情况，否则需调整过瓶通道栏栅间隙或底轨交接高度；

⑤ 轧盖效果检查，包边有无起皱、包边不严，瓶脖、铝盖有无划伤；

⑥ 检查风速、尘埃粒子、浮游菌等是否达标。

4.3.4.3 生产结束设备维护

每班对设备的卫生清理，如玻璃屑等杂质，建议先用真空清扫玻璃屑等杂质→再用压缩空气吹干设备→无尘抹布擦拭，保证设备内外清洁干燥，其他按设备的清洁维护要求执行。

4.3.4.4 西林瓶轧盖机机维护与保养

药品生产设备的维护与保养是操作人员的重要工作内容之一。一台精心维护的设备往往可以长期保持良好的性能而无需进行大修，如忽视维护与保养就可能导致设备在短期内损坏，甚至发生事故。药品生产企业应对所有操作人员进行设备操作的理论和实操培训，确保操作人员能够按照规定的要求，正确、规范地操作设备，药厂常见标志如表 4-8 所示，维护时间如表 4-9 所示。

表 4-8 药厂常见标志

标志	作用
ISO 725	进行维修或者修理工作前，未经授权人员禁止进入操作区！设置或者张贴标志牌，指示正在进行维护或修理工作并使人引起注意！
	在开始维护工作前，必须关闭电源总开关并使用挂锁以确保安全！挂锁的钥匙必须由进行维护或修理工作的人员保管！如果必须更换重型机器零部件，则仅可使用适当的工具/装载松紧装置和制动工具！
注意高温	进行维护或修理工作前，确保有可能接触到的部件温度已降低到室温！
	在靠近电器部件时，注意高压危险！
	维护工作应由授权人员（必须持有上岗资格证）按照维护说明和事故防止要求进行！如果不注意，可能会造成伤害或者严重的机器损伤！仅在机器停止工作的情况下才可进行维护工作！只能使用与环境相容且符合 GMP 规范的润滑剂。灌装油时，始终使用正确的料斗或配有料斗的油罐，防止污染地面和环境！

表 4-9 维护时间表

时间	维护时长
每天	每天维护任务（8h 工作）
每周	每周维护任务（40h 工作）
每两周	
每月	每月维护任务（160h 工作）
每两月	
每年	
每两年	
偶尔	

为了保证设备长期稳定运行，用户需按如下操作流程要求进行一般日常维护及保养，流程见图 4-18。

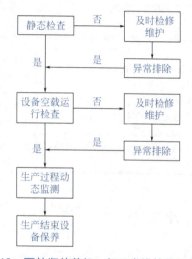

图 4-18 西林瓶轧盖机一般日常维护及保养流程

4.3.4.5 西林瓶轧盖机常见故障及排除方法

设备操作人员应熟悉所用设备特点，懂得拆装注意事项及鉴别设备正常与异常现象，会进行一般的调整和简单的故障排除，自己不能解决的问题要及时上报，并协同维修人员进行排除。

西林瓶轧盖机常见故障及排除方法见表 4-10。

表 4-10 西林瓶轧盖机常见故障及排除方法

故障现象	故障分析	排除方法
铝盖松动	1. 三旋刀头径向距离略大。 2. 轧盖座中心压簧太松	1. 三旋刀头径向距离略调小。 2. 调紧压簧螺钉
铝盖轧出成品出现波纹或皱皮	1. 三旋刀位置及压簧未调整到位。 2. 轧刀刀头磨损或硬度低	1. 相应调整。 2. 调换新轧刀刀头

续表

故障现象	故障分析	排除方法
无盖时机器不能自行停止	限位开关失去作用或进出瓶拨盘内推杆失去作用	调整限位开关或进出瓶拨盘内推杆位置
铝盖扣不到瓶口上或铝盖连续下落	1. 道轨左右卡钳与瓶子不对位。 2. 道轨左右卡钳弹簧松。 3. 铝盖轨道位置太高	1. 调整左右卡钳与瓶口对中。 2. 调紧左右卡钳弹簧。 3. 略调下轨道位置
瓶子运行不畅或有倒伏现象	运输带及同步带磨损严重或运输带即将断开	更换运输带、同步带
机器运转正常，但送瓶拨盘停止转动	进瓶拨盘被瓶子卡住时，轧瓶保险机构故障	取出瓶子，转动进瓶拨盘使其复位，并相应消除故障
瓶子进轧刀座时对中不好	进出瓶拨盘及工作导向板间磨损严重	更换相应零件
铝盖漏盖	铝盖轨道位置太高	略下调轨道位置
轧盖机头不稳且运动时晃动	轧盖头往复轴松动	调换轴承
落盖不畅通或卡盖	轨道的间隙或卡钳未调整好	相应调整
下盖不顺畅	1. 振荡斗与下盖轨道接合处配合不好。 2. 下盖轨道与落盖机构配合不好。 3. 落盖机构压板弹簧太紧	1. 松开振荡器立轴上固定螺丝，旋动振荡器，调整到适当位置。 2. 调整至适当位置。 3. 调整至适当位置（参照落盖机构的调节）
噪声大	下盖轨道与振荡斗出盖轨道接口碰撞	调整振荡器与下盖轨道的距离，距离以 1～2mm 为最佳

4.3.5 思政小课堂

2021年4月1日，复星医药发布公告，mRNA 新冠疫苗在超低温储存环境（即 -70℃）下储存及运输时，若轧盖密封不够紧，可能会导致空气渗入瓶中，而其后进行解冻程序时胶塞重新恢复密封，可能会使瓶内压力上升，因而发生个别药瓶超压或出现渗漏等情况。虽然该问题不会影响疫苗本身的安全性和有效性，但作为一类全新的疫苗产品，mRNA 新冠疫苗在各个环节上都面临许多未知挑战，特别是在药剂设备应用技术方面的挑战。这要求我们必须努力提高自身技术技能，迎接这样的挑战。建立终身学习理念，将更新的知识和系统性的知识带入到工作中。

荀子说："骐骥一跃，不能十步；驽马十驾，功在不舍。锲而舍之，朽木不折；锲而不舍，金石可镂。"

在学习的道路上没有捷径，唯有持之以恒，刻苦学习，勇于实践，才能成长为基本技能扎实、专业技能突出的，创新型、复合型高素质技术技能人才。用良心做好药，保障人民群众用药安全，护佑人类健康！

4.3.6 任务评价

任务	项目	分数	评分标准	实得分数	备注
西林瓶轧盖机有什么作用和特点		20	不合格不得分		
西林瓶轧盖机的主要结构组成是什么		20			
西林瓶轧盖机的工作原理是什么		20			
西林瓶轧盖机有哪些参数需要调试		40			
总分		100			

4.3.7 任务巩固与创新

1. 查阅相关资料，西林瓶轧盖机同类产品有哪些？（查找型号和生产厂家）

2. 西林瓶轧盖机出现故障如何进行维护？有哪些注意事项？

4.3.8 自我分析与总结

学生改错	学生学会的内容

学生总结:

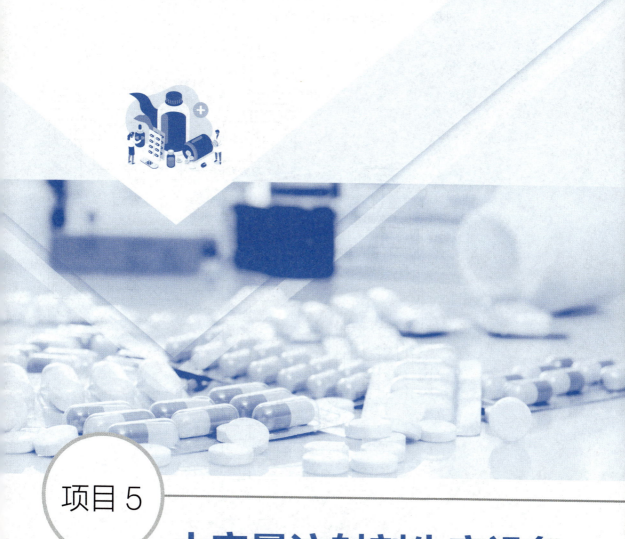

项目 5

小容量注射剂生产设备操作与维护

项目导读

小容量水针剂,指装量小于 50ml 的注射剂,通常采用湿热灭菌法制备。除一般理化性质外,无菌、热原、可见异物、pH 值等检查均应符合规定。水针剂生产是用注射用水为溶剂溶解药物后灌封在安瓿内的生产过程,其工艺流程如图 5-1 所示。

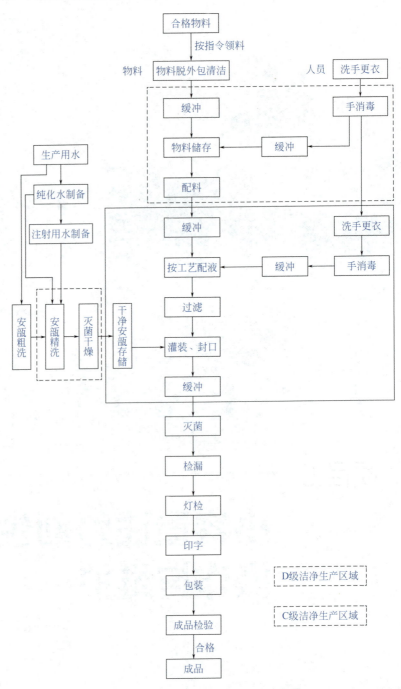

图 5-1　小容量注射剂生产工艺流程图

项目学习目标

知识目标	能力/技能目标	思政目标
1. 掌握小容量注射剂生产设备结构组成和工作过程。 2. 熟悉小容量注射剂生产设备的种类、性能特点和应用范围。 3. 了解小容量注射剂主要生产岗位	1. 能操作小容量注射剂生产设备。 2. 能常规维护保养小容量注射剂生产设备。 3. 能清洁小容量注射剂生产设备。 4. 能排除常见故障	1. 深挖本项目所蕴藏的敬畏生命、守法诚信、自强创新等思政元素和思政载体,弘扬社会主义核心价值观。 2. 培养学生严谨细致、一丝不苟的工作态度,强化质量意识,追求极致的工匠精神。 3. 培养学生学习、思考、总结和求真创新能力

项目实施

本项目由安瓿拉丝灌封机操作与维护、BFS 吹灌封生产线操作与维护两个任务构成。学会了这两种不同类型小容量注射剂生产设备的结构组成、工作原理、标准操作、维护保养及如何排除常见故障,理解相关知识和方法之后,便可以举一反三地完成其他不同类型小容量注射剂设备的操作、保养与维护。同时,注重药德、药技、药规教育,强化学生求真务实、合规生产、团队协作精神等社会能力。

项目 5 小容量注射剂生产设备操作与维护

任务 5.1　安瓿拉丝灌封机操作与维护

5.1.1　任务描述

将滤净的药液定量地灌入经过清洗、灭菌干燥的安瓿内并加以封口的过程称为灌封。完成灌装和封口工序的机器，称为灌封机。安瓿拉丝灌封机能自动完成送瓶、前冲氮、灌药、后冲氮、预热、拉丝封口等工序。具有无瓶不灌装功能，更换个别规格件，即可适应 1～20ml 多个规格安瓿的灌装及封口。图 5-2 为安瓿拉丝灌封机整体示意图。

11. 安瓿洗烘灌封联动机组组成及原理

图 5-2　安瓿拉丝灌封机整体示意图

5.1.2　任务学习目标

知识目标	能力 / 技能目标	思政目标
1. 掌握安瓿拉丝灌封机结构组成和工作过程。 2. 熟悉安瓿拉丝灌封机的种类、性能特点和应用范围。 3. 了解安瓿拉丝灌封机主要生产岗位	1. 能操作安瓿拉丝灌封机。 2. 能常规维护保养安瓿拉丝灌封机。 3. 能排除常见故障	1. 深挖本任务所蕴藏的敬畏生命、守法诚信、自强创新等思政元素和思政载体，弘扬社会主义核心价值观。 2. 培养学生严谨细致、一丝不苟的工作态度，强化质量意识，追求极致的工匠精神。 3. 培养学生学习、思考、总结和求真创新能力

5.1.3 完成任务需要的新知识

5.1.3.1 结构

安瓿拉丝灌封机由运瓶部分、灌注部分、封口部分、传动系统、机架等组成，见图5-3、图5-4。

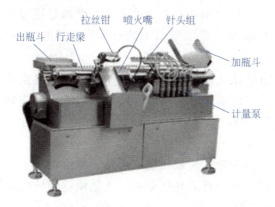

图5-3 安瓿拉丝灌封机

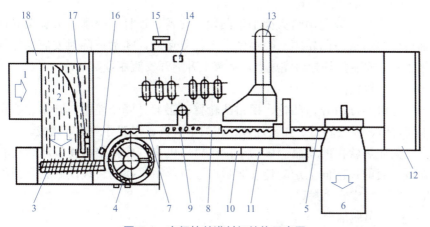

图5-4 安瓿拉丝灌封机结构示意图

1—进料斗（与灭菌干燥机接口）；2—进瓶输送网带；3—进瓶螺杆；4—送瓶转盘；5—输送齿条；6—出瓶料斗；7—前充氮；8—后充氮；9—灌注药液；10—预热火焰；11—拉丝封口；12—电源控制箱；13—灌液安全装置；14—调节装置；15—手动控制手柄；16—投受光器；17—进瓶安全装置；18—接口控制箱

（1）进瓶部分

主要由输瓶网带、滑块弹簧导杆机构、进瓶螺杆、进瓶拨盘、挡瓶板等组成。进瓶网带用于与烘箱出口的过渡衔接，滑块弹簧导杆机构用于安瓿数量控制及瓶间压力控制。进瓶螺杆用于向进瓶拨盘分瓶，进瓶拨盘连续将安瓿送入进瓶齿板机构。

（2）运瓶机构

运瓶机构由进瓶齿板、移瓶齿板、压瓶齿板、运瓶齿板、出瓶齿板等组成。运瓶机构的齿板使用凸轮结构与四杆结构驱动。

(3) 药液灌装调节机构

灌装结构由灌注计量泵、灌注计量泵固定机构、装量调节机构、缺瓶止灌机构和传动机构等组成。灌注泵安装固定在支座上,电机经凸轮机构、四杆机构驱动灌注泵的活塞做往复运动,完成吸药与灌药动作。

装量调节分粗调与微调。粗调是通过改变摇杆的偏心量,使剂量调节摆臂低点的位置得以变化,达到大范围调节装量。增大摇杆的偏心量,剂量变大;减小摇杆的偏心量,剂量变小。微调是通过泵支座上的微调螺母实现装量的加减。将螺母向下调节,装量增加;将螺母向上调节,装量减少。

灌封机上有缺瓶止灌机构,该机构由进瓶口的光电感应器对缺瓶进行跟踪,当灌装工位缺瓶时,光电信号通过PLC控制电磁阀动作,使棘爪离开剂量调节摆臂,该摆臂不能运动而停止灌药,防止药液浪费。

(4) 转瓶机构

转瓶机构由转瓶轮、转瓶接管、带轮座、带轮调节架、同步带、大带轮、万向节等组成。开启转瓶电机,转瓶轮旋转使安瓿旋转,安瓿均匀加热软化瓶颈,封口严密。

(5) 火焰加热装置

火焰加热装置由喷火架上下凸轮、转臂、连杆、喷嘴、火头架导向轴组件等组成。凸轮驱动喷嘴做上下往复运动,喷嘴下降对安瓿加热软化瓶颈,安瓿拉丝封口完成后,喷嘴上升离开安瓿瓶颈。

(6) 封口部分

封口部分由开钳凸轮、摆钳凸轮臂、钳架升降凸轮架、开钳、摆钳中间转臂、左右转臂、钳架连杆、钳架下滑块、钳架导向轴等组成。

受加热软化的安瓿,移动至拉丝封口机构,凸轮结构使拉丝钳夹着旋转安瓿的顶部向上运动使安瓿封口,拉丝钳再摆动将玻璃碴丢弃到收集斗中,完成安瓿封口。

(7) 出瓶部分

出瓶机构由出瓶拨盘、出瓶螺杆、出瓶斗等组成。出瓶齿板与出瓶拨盘交接,将灌封好的安瓿经出瓶拨盘、出瓶螺杆推出进入出瓶斗。

(8) 传动系统

传动系统由进瓶传动机构、运瓶传动机构、出瓶传动机构、电动机和带轮等组成。电机经传动机构控制进瓶齿板、移瓶齿板、运瓶齿板、出瓶齿板的运动。如图5-5所示。

(9) 润滑系统

润滑系统由手动泵、可调节流式分配器、尼龙管、管接头等组成。搬动手动泵的把手,压油柱塞将润滑油经分配器、油管送至需要的零件,润滑可减小摩擦并延长灌封机的使用寿命。

(10) 气体管路系统

气体管路系统由流量计组件、气阀组件、储气管组件、气管、管接

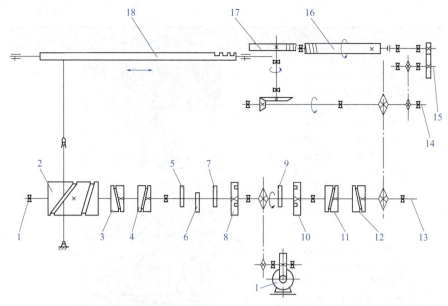

图 5-5 安瓿灌封机传动系统示意图

1—调速直流电机；2—齿条前后左右凸轮；3—出瓶凸轮；4—定位凸轮；5—拉丝钳架上下凸轮；
6—开闭钳凸轮；7—火头凸轮；8—压瓶凸轮；9—斜架上下凸轮；10—灌液凸轮；11—定位凸轮；
12—缺瓶止灌凸轮；13—主轴；14—传动轴Ⅰ；15—传动轴Ⅱ；16—进瓶螺杆；17—送瓶转盘；
18—输送齿板

头等组成。通过管路可以将惰性气引至针头，燃气、氧气引至火头，用气阀、流量计调节气体流量至符合要求。安瓿拉丝灌封机主要部件与工作过程见表 5-1。

表 5-1 安瓿拉丝灌封机主要部件与工作过程

	工作过程	图例
瓶子行进过程	进瓶网带、进瓶螺杆、进瓶转盘	
	瓶量检测机构（瓶子多少可以由拦瓶带、检瓶块、检测开关检测出来）	

项目 5 小容量注射剂生产设备操作与维护　155

续表

工作过程		图例
瓶子行进过程	在进瓶转盘处装有一个光电开关，用来计数同时发出缺瓶信号，通过 PLC 处理及执行机构动作达到缺瓶止灌的目的，也可以在无瓶状态下灌液，以便于做清洁工作	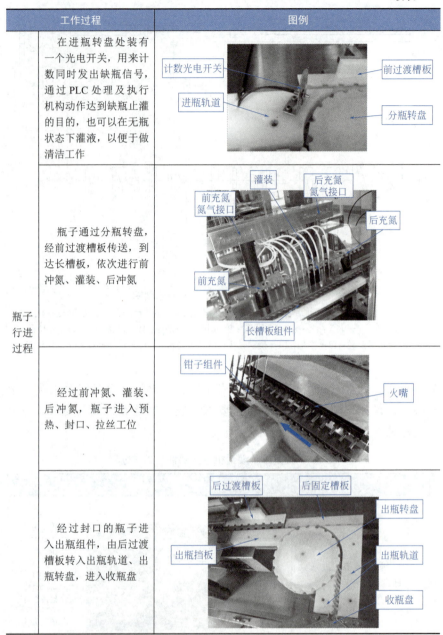
	瓶子通过分瓶转盘，经前过渡槽板传送，到达长槽板，依次进行前冲氮、灌装、后冲氮	
	经过前冲氮、灌装、后冲氮，瓶子进入预热、封口、拉丝工位	
	经过封口的瓶子进入出瓶组件，由后过渡槽板转入出瓶轨道、出瓶转盘，进入收瓶盘	

5.1.3.2 工作过程

（1）安瓿输送过程

旋转着的进瓶螺杆把螺槽内的安瓿逐个送到进瓶拨盘的槽口中，进瓶拨盘连续将安瓿传递给进瓶齿板，进瓶齿板将连续移动的安瓿转变为间歇移动。进瓶中继齿板与进瓶齿板交叉运行，进瓶中继齿板又与压瓶齿板交叉运行。压瓶齿板将安瓿相对固定，进行充气、灌液、拉丝封口后，再经运瓶齿板、出瓶中继齿板、出瓶拨盘、出瓶齿板后，将安瓿拨到出瓶料斗。见图 5-6。

图 5-6　安瓿输送原理

(2) 灌注过程

安瓿到了灌注处，压瓶齿板压瓶固定，药液计量装置定量供药，若有瓶，针头组下移进针后药、气、氮开关阀打开，即可进行灌注，针头灌注的先后顺序是：吹气→第一次充氮→灌注药液→第二次充氮。若灌注针头处缺瓶，自动止灌装置动作后，即可停止灌药。齿板再次搬运安瓿之前，停止供药供气，针头组完成上移退针动作。

(3) 封口过程

安瓿到了封口处，由转瓶机构带着不停地旋转，使丝颈周边受热均匀。同时，压瓶齿板压住安瓿，使安瓿不会飘移。安瓿的丝颈由火焰装置加热，先预热，当丝颈加热到赤熔状态时，拉丝钳装置张开钳口下移至最低点，夹住丝颈上移拉丝，拉断达到赤熔状态的丝头，到达最高点后钳口张开，甩掉拉断的丝头，完成封口动作。见图 5-7。

图 5-7　拉丝钳封口

5.1.4　任务实施

5.1.4.1　安瓿拉丝灌封机操作

安瓿拉丝灌封机操作与清洁规范见表 5-2。

项目 5　小容量注射剂生产设备操作与维护　　157

表 5-2　安瓿拉丝灌封机操作与清洁规范

项目	操作与清洁
操作前准备	1. 用 75% 乙醇消毒将使用的工具、容器及设备与物料直接接触的部位（进瓶斗、出瓶斗、齿板及外壁）。 2. 检查灌封所需针头、活塞、软管以及工器具、容器是否在清洁、灭菌有效期内。 3. 经 QA 现场检查合格后，在批生产记录上签字，允许开始生产
操作过程	1. 按灌封机操作规程将灌注系统各部件组装成灌注系统，安装在灌封机上。 2. 检查灌注系统安装无误后，再检查封口系统是否正常。 3. 用手轮顺时针转动，检查灌封机各部件运转情况，有无异常声响、震动等，并在各运转部位加润滑油
灌装	1. 取烘干后的安瓿，用镊子剔出碎口及不合格的安瓿，将合格安瓿放入进瓶斗，取少许摆放在齿板上。 2. 插上电源，启动电源开关，调整针头与装量。 3. 查看针头是否与安瓿口摩擦，针头插入安瓿的深度和位置是否合适；发现针头与安瓿口摩擦，必须重新调节针头的位置，达到灌装的技术要求。 4. 核对品名、批号、装量及药液体积。配液结束后的药液应在 8h 内灌装完。检查药液的澄明度、色泽以及安瓿的清洁度，均应符合质量控制标准。开始灌装，每 30min 用计量校验合格的注射器及量筒检测装量，并检查药液的澄明度、色泽，均应符合质量控制标准。 5. 灌装时需灌注氮气的，生产前应先检查氮气压力不得低于 0.25MPa。灌装过程中随时检查氮气的灌注情况和压力的变化
封口	1. 打开燃气与氧气阀，点燃火焰，启动电机，调整火焰及拉丝钳。 2. 观察安瓿的预热或加热程度调节火焰大小。 3. 观察安瓿封口处玻璃受热是否均匀，如果不均匀，则将安瓿转瓶板中的顶针上下移动，使顶针对准安瓿中心，安瓿顺时针旋转，使封口处玻璃受热达到均匀。 4. 观察拉丝钳与安瓿拉丝情况，如果钳口位置不正时，微调螺母，修正钳口位置，并使瓶颈长度一致，封口圆滑。 5. 灌封过程中随时检查药品的灌装质量，剔除泡头、焦头、破损、封口长度等封口质量缺陷的安瓿。 6. 灌封好的药支装盘从传递窗传出交检漏灭菌室。灌封后应在 4h 内灭菌。 7. 生产结束后，操作人员应及时填写批生产记录及相关记录

5.1.4.2　安瓿拉丝灌封机维护与保养

药品生产设备的维护与保养是操作人员的重要工作内容之一。一台精心维护的设备往往可以长期保持良好的性能而无需进行大修，如忽视维护与保养就可能导致设备在短期内损坏，甚至发生事故。药品生产企业应对所有操作人员进行设备操作的理论和实操培训，确保操作人员能够按照规定的要求，正确、规范地操作设备。

（1）日常（每天）

整机做清洁工作，清扫碎玻璃、污物，加 30# 润滑油，所有的滑动摩擦之处如轴与轴承（衬套）杆端关节轴承球面摩擦处，刹车钢索与护套；另外还有转瓶处小锥齿轮盒，传动部分的齿轮、链轮、凸轮滚子处。

检查机器各部分运转情况，查看安瓿破损率、灌液装量稳定性、拉丝封口合格率、焦头等是否有异常情况，在更换瓶子规格后尤其要多加注意。

修整或更换变形的针头。作好设备运转、故障、维修和零件更换记录。

（2）定期（一星期）

根据易损件的磨损情况决定是否更换，如压瓶轮、不锈钢小轴承等。

给进瓶螺杆做修整工作，把由于碎玻璃而产生的飞边去掉。

给转瓶处不锈钢小轴承加油（少量），把沾在外圈上的油擦去，放上几个安瓿使小轴承旋转数分钟。

（3）定期（三个月）

除以上短期维护、保养项目外，还要增加下列项目：

更换变速箱内的润滑油，更换磨损严重的进瓶螺杆，层流罩中效过滤网做清洁除尘工作。

对电器进行检查、维修、保养工作。

（4）定期（一年）

除以上短、中期一些项目外，还需增加下列项目：

更换火头。

更换开闭钳及摆头钢索。

更换上、下定位板上的塑料定位圈。

更换凸轮处已磨损的滚动轴承。

更换转瓶处的不锈钢小轴承。整个转瓶系统解体大修。

更换其中的长轴及各挡轴承（包括支架左、右两边的），彻底清洗小锥齿轮盒并检查锥形齿轮的磨损情况，检查小轴处的配合间隙是否过大。

检查进瓶网带，如侧边焊接处损坏严重的需更换；检查主机与进瓶网带减速传动部分，如有明显磨损的需要更换。

5.1.4.3 安瓿拉丝灌封机常见故障及排除方法

安瓿拉丝灌封机常见故障及排除方法见表 5-3。

表 5-3 安瓿拉丝灌封机常见故障及排除方法

故障现象	故障原因	排除方法
开机后主机不能运行	1. 控制系统没有复位。 2. 主电源缺相	1. 检查控制系统。 2. 检查接入电源
进瓶网带不动	1. 网带被卡住。 2. 传送齿轮损坏。 3. 传动减速机损坏	1. 检查并排除卡住故障。 2. 更换齿轮。 3. 更换减速机
进瓶网带瓶子隆起或挤破、进瓶网带倒瓶	1. 网带尾部控制滑块卡住。 2. 弹簧弹力不合适。 3. 接近开关位置不恰当或开关损坏。 4. 信号电路断路	1. 检查滑块灵活性。 2. 调整弹簧力度。 3. 调整接近开关位置。 4. 检查信号电路
运瓶过程中碎瓶	齿条与拨盘或齿条与齿条之间交接时间不对	查看具体部件，调整对应的凸轮机构

续表

故障现象	故障原因	排除方法
灌针滴漏	1. 灌装管路有漏气。 2. 灌装管路有气泡。 3. 灌装泵有漏气。 4. 程序回吸量过小	1. 更换灌装管路。 2. 排空灌装管路。 3. 更换灌装泵。 4. 加大回吸量数值
加热火头不均匀	1. 管路堵塞。 2. 火嘴被烧坏	1. 清理管路。 2. 更换火嘴
拉丝时安瓿不转动	1. 转瓶橡胶轮磨损过多。 2. 转瓶橡胶轮没压住瓶。 3. 转瓶同步齿形带损坏。 4. 安瓿瓶身及滚轮外表面沾有药水	1. 更换转瓶橡胶轮。 2. 加大压紧力。 3. 更换同步齿形带。 4. 保持瓶身及滚轮的干燥，擦干滚轮上黏附的药水
拉丝出现尖头、泡头、焦头	1. 火头凸轮位置不对。 2. 加热温度与主机速度不匹配。 3. 药液黏附于瓶壁上	1. 调整火头凸轮位置。 2. 调整主机速度或加热火焰大小。 3. 调整灌针位置防止灌针碰壁及采取防滴漏措施
控制系统报警	主机严重故障	及时停机检修

5.1.5 思政小课堂

安瓿拉丝灌封机之所以能够完成拉丝封口，是当丝颈加热到赤熔状态时，通过拉丝钳进行拉丝封口。那么我们如何才能在社会这个大熔炉中，经得住考验，不会忘掉我们原有的信念，能够做到出淤泥而不染呢？

俗话说，真金不怕火炼，百炼才能成钢。人生，就像是一条坎坷弯曲不平坦的路。路上，你总是会遇上一些凶猛的"拦路虎"；总会走着走着出现一些杂草，枯枝败叶；你总会遇上阴晴不定的天气。但是，成功的道路上，注定不会一帆风顺。我们要坚信：只要我们拥有勇敢坚强和毅力，我们就会不断走向成功！

作为新时代的大学生，在校园里，要用理论知识武装自己，等我们走上工作岗位，才能够经受住社会的考验。

5.1.6 任务评价

任务	项目	分数	评分标准	实得分数	备注
安瓿拉丝灌封机有什么作用和特点		20	不合格不得分		
安瓿拉丝灌封机的主要结构组成是什么（看懂结构图）		20			
安瓿拉丝灌封机的工作原理是什么		20			
安瓿拉丝灌封机有哪些参数需要调试		40			
总分		100			

5.1.7 任务巩固与创新

1. 查阅相关资料，安瓿拉丝灌封机同类产品有哪些？（查找型号和生产厂家）

_____

_____

2. 安瓿拉丝灌封机出现故障如何进行维护？有哪些注意事项？

_____

_____

_____

5.1.8　自我分析与总结

学生改错	学生学会的内容

学生总结：

任务 5.2　**BFS 吹灌封生产线操作与维护**

5.2.1　任务描述

吹瓶、灌装、封口三合一工艺（简称 BFS 工艺）是 20 世纪 60 年代由德国罗姆来格集团发明的一种无菌包装工艺。这一工艺使制瓶、灌装、封口三种操作均在无菌状态下的同一工位完成。BFS 工艺流程非常简洁，即通过高温高压的挤出过程，使塑料达到无菌的状态；随即在同一工位完成容器的生产、灌装以及封口过程。吹灌封生产技术就是将原来独立的吹瓶单元、灌装和封盖单元，通过优化的控制技术及机械传输，有机地结合在一起，成为一个多功能的功能单元。具有节省场地和降低能耗的功效。图 5-8 为吹灌封一体机整机示意图，图 5-9 为吹灌封一体机生产流程示意图。

图 5-8　吹灌封一体机整体示意图

5.2.2　任务学习目标

知识目标	能力/技能目标	思政目标
1. 掌握吹灌封机结构组成和工作过程。 2. 熟悉吹灌封机的种类、性能特点和应用范围。 3. 了解吹灌封机主要生产岗位	1. 能操作吹灌封机。 2. 能常规维护保养吹灌封机。 3. 能排除常见故障	1. 深挖本任务所蕴藏的敬畏生命、守法诚信、自强创新等思政元素和思政载体，弘扬社会主义核心价值观。 2. 培养学生严谨细致、一丝不苟的工作态度，强化质量意识，追求极致的工匠精神。 3. 培养学生学习、思考、总结和求真创新能力

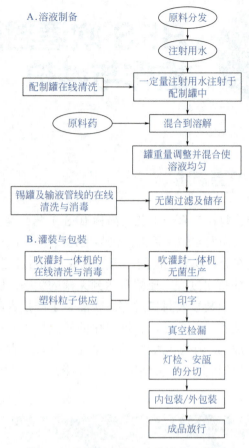

图 5-9　吹灌封一体机生产流程示意图

5.2.3　完成任务需要的新知识

5.2.3.1　结构

BFS 机器按性能通常可分为 10 个组成系统，图 5-10 为 BFS 机器的外形及布局示意图。

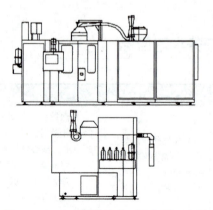

图 5-10　BFS 机器的外形及布局示意图

（1）液压系统

液压系统由液压泵、控制阀门、冷却系统等组成。这个系统可以提供 $1.6×10^7$Pa 的压力，主要用于设备运行的驱动，例如模具机构从挤出位置到灌装位置的移动、主模具和头部成型模具的闭合和打开、尾部机械手装置的提升和下降等机械运动。系统提供的压力可以满足聚乙烯（PE）、聚丙烯（PP）两种材质的加工需要。

（2）气动系统

气动系统由空气压缩机、过滤系统、控制减压系统、输送系统等组成。通常情况下需要提供 $(8～10)×10^6$Pa 的压力和 500L/min 的流量。这一系统可分为两个子系统。①通用压缩空气系统：主要用于进行气缸、阀门等气动元件的运作。②洁净压缩空气系统：空气采用了除油、除水和除菌过滤，主要用于型坯的支撑空气、容器成型空气、药液灌装系统的动力空气（时间压力定量法）。

所有与洁净气体接触的部件均使用 AISI 316/316L/316Ti 不锈钢或符合食品级要求、符合药典规定的塑料或弹性体材料制造。

（3）真空系统

真空系统由水环真空泵、控制阀门、分配系统等组成，用于容器的成型和灌装后管线剩余液滴的吸除。分配系统、管线、控制阀以及模具和灌装嘴内的真空管线，可用 85℃的热水进行 CIP（在线清洗）。

（4）芯轴升降控制及灌装系统

芯轴系统采用了直线式气动机构控制，避免了采用液压件会出现液压油渗漏的危险。通过特制的芯轴单元，可将产品经过精密计量系统灌入容器内，灌装结束后芯轴单元回撤，头模合拢，在真空作用下进行容器的密封。灌装系统包括除菌过滤器、灌装阀组、灌装嘴（针）、风淋室、导向和驱动装置。将待灌装的产品经除菌过滤后，通过精密计量将产品灌入到容器内，同时排出容器内的空气，并在容器颈部形成"鲁尔接口"。灌装系统可在计算机程序控制下进行 CIP（在线清洗）/SIP（在线灭菌），快速实现不同批次、不同品种之间的转换。

（5）塑坯控制系统

塑坯控制系统由螺杆挤压机（注塑机）、型坯挤出头、温度控制系统等组成。在螺杆挤压机内，塑料粒子被挤压、加热，在压力作用下被强迫通过挤出头，热熔状态的塑料通过挤出头形成型坯，这时螺杆挤压机的速度（转速）控制挤出型坯的速度。通过调整挤出头成型模具的间隙可以调解型坯不同位置的厚度。通过对控制参数的调整，可以对挤出的塑坯速度和厚度进行精确的控制，以保证在同一参数控制下产品厚度是稳定、均一的。

（6）模具机构

模具机构的主模和头模是分开的。模具中设有真空系统、冷却系统和液压驱动系统。真空系统不但可以在容器成型过程中保证容器各部位的壁厚均匀，还可以在生产过程中对模具进行清洁。产品成型模具安装在高强度不锈钢板的合模装置上，可提供较高的合模力，在生产聚丙烯（PP）产品时会体现其优势。在模具上还可以增设批号，完善产品生产过程的可追溯性和防伪能力。

(7) 冷却水系统

冷却水系统由控制阀、流量计、压力和温度传感器、流量调节器以及必要的管线和软管、过滤器组成。冷却水系统可分为3个回路：

① 模具冷却回路　采用冷却介质（通常为12℃冷却水）的封闭循环回路。这一回路的主要作用是使容器在成型后立即得到冷却，以保证在灌装热敏性产品时产品质量不受影响。模具的冷却效果会直接影响产品的质量（如容器的透光率、光洁度、灌装溶液的温度等）。

② 液压油和挤出机的冷却回路　冷却介质可循环使用或排放。这一回路的作用是调整和控制挤出机及液压油的温度。温度是否稳定会直接影响容器的质量（如容器的光洁度和型坯的壁厚均匀度）。由于要给液压油降温的热交换器在液压油箱内，所以要防止泄漏造成液压油变质。

③ 水环真空泵的冷却回路　冷却介质通常被排放掉。这一回路主要用于水环真空泵的密封和降温，应注意流量的变化会影响真空度。

(8) 控制系统

控制系统由机载计算机系统、控制屏、传感器等组成。主要作用是监测、控制和调整BFS机器各机构的运行参数。系统中有安全级别的设置，可以防止人为更改工艺参数的风险。在BFS计算机控制系统中可设置多个用户组，最多可有40个用户，其安全级别可在1～99之间设置。只有1人拥有最高的安全级别（通常是质量授权人），以下的安全级别都由他来决定设置，可用任何键盘输入，如设定值的改变，首先要求输入密码，每个操作人员有各自的密码，依据密码的权限允许做一定范围的操作，每个设定值被定义了可接受的权限，如果要改变一个值，密码窗口就会自动显示（提供密码信息）。生产过程中所有参数都可以保存在计算机系统中，可以随时查阅和打印不同时间、不同批号的生产数据。完全符合欧盟《药品生产中计算机处理系统的验证指南》的要求。

(9) CIP/SIP 系统

CIP/SIP系统在计算机程序控制下分3个步骤（CIP/SIP/无菌气体吹干），对所有的物料过滤器、管线进行清洗和灭菌。可以快速实现不同产品生产或相同产品不同批次生产环节中的CIP/SIP，而且工艺参数互相关联，分布在不同位置的18个温度传感器保证了系统参数的真实性，使得CIP/SIP验证的稳定性和重现性非常可靠。

(10) 辅助系统和公用设施

辅助系统和公用设施由空调、制水、纯蒸汽、配电、水冷机组、空气压缩机、无菌配制系统等组成，是BFS无菌灌装工艺的重要组成部分。辅助系统和公用设施要符合无菌工艺的要求。因为BFS机器由计算机程序控制运行,所以每一个控制点都是互相联系、环环相扣的,程序在设计时就已将各种安全因素充分考虑在内。正常运行时各种工艺参数(如压差、温度等)不符合预设工艺要求时,设备会自动报警;BFS 机器在遇到简单故障时会自动停机进行锁定保护,不经授权更改原设定程序会被拒绝执行;BFS 几乎不可能会出现破坏性情况。

BFS 工艺是一种先进的无菌灌装工艺,而无菌工艺是一个系统工程。工艺流程的完整性和各环节的无菌保障能力都是非常重要的。一些与 BFS 机器相配套的设施和设备也是 BFS 无菌灌装工艺的重要组成部分。

(1) 要有符合无菌工艺要求的厂房和公用系统

① 洁净厂房　BFS 工艺是一种无菌灌装工艺,各功能间的设置应符合无菌工艺要求,更衣间的设置要符合无菌更衣要求、称量间一定要负压、BFS 机器灌装部分要有 C 级背景下的 A 级层流保护、灌装间要实施悬浮粒子和微生物的动态监测。因产品输送通道的起点在 A 级层流区,终点在普通生产区,所以产品通道的两端要有大于 30Pa 的压差。

② 制水系统　工艺用水是无菌产品生产的重要原料,无论是在配制还是在 CIP/SIP 过程中,工艺用水都直接影响无菌工艺的成败和无菌产品的质量,因此应保证工艺用水的各项指标不超标。工艺用水的分配系统可以 CIP/SIP,纯化水系统的炭过滤罐必须可以灭菌,并保证按经过验证的 SOP 进行清洗,要在源头上严控工艺用水的内毒素。纯蒸汽供应及分配系统是 SIP 的关键设备,要有足够的产汽量和压力,输送管线必须可以有效地排除冷凝水。BFS 机器在进行 SIP 时,冷凝水的存在会导致 SIP 失败。注射用水和纯蒸汽应在使用点加装除菌过滤器。

③ 压缩气体系统　在 BFS 工艺中为保证 CIP/SIP 的效果,最大限度地减少残留量,原则上不使用输送泵,用洁净的压缩空气或惰性气体作为动力输送物料。压缩气体直接与物料接触,必须保证压缩气体无菌、无油、无水、无不溶性微粒。压缩气体的输送系统要有活性炭过滤器用于吸附蒸发状态的油雾和异味,压缩气体使用点要安装除菌过滤器,气体过滤器应列入完整性检测范围之内。

(2) 要有可以 CIP/SIP 的无菌配液系统

无菌配液系统由配液罐、无菌储罐、称重模块、除菌过滤器、阀门、工艺管线等组成。要求进入无菌储罐的物料要达到无菌要求,并可在无菌状态下保存较长时间。这一系统在工艺过程中要进行 CIP/SIP,要求耐高压、耐高温、无残留。传统配置系统中的液位计、输送泵等设施因无法进行有效的 CIP/SIP,应使用称重模块代替液位计,用洁净的压缩气体代替输送泵,用组合阀来实现工艺管线在不同工艺过程中的流向和介质转换,减少盲管和残留量。

图 5-11 为实现 CIP 的配料罐接口及连接方式。因各企业设备、工艺不同,配置系统 CIP/SIP 在设计、施工中很大程度上要依赖工程技术人员的实际经验,而不是设计人员的事前设计。在使用和操作中对 SOP 和操

作人员的依赖性较强，所以事前对 CIP/SIP 的原理和施工、操作要点进行了解显得非常重要。在设计施工中一定要注意细节，在无菌工艺中细节决定成败。

（3）完整的 BFS 工艺要有相应的后处理设备

因 BFS 产品在加工的过程中，各部位都存在密封不严和泄漏的可能，因此要有一个与之配套的检漏设备。目前，有高频电检测法、压力 + 高频电检测法、旋转真空检测法等。图 5-12 为旋转式真空检漏机。通过生产实际和检测结果看，国产的旋转式真空检漏机在 BFS 工艺中比较适用。产品在检漏机内左右各旋转 180°，只要容器的任何一个部位有泄漏，在真空的作用下容器内的物料就会减少，在灯检工序中就会被发现而剔除。

图 5-11　实现 CIP 的配料罐接口及连接方式

图 5-12　旋转式真空检漏机

5.2.3.2　工作过程

BFS 设备的基本工作原理：机器的螺杆注塑挤压机将塑料粒子加温热熔后，通过挤出头在洁净空气的支撑下形成型坯；在 A 级风淋的保护和型坯夹的帮助下，型坯进入密封单元的模具中，在洁净压缩空气和真空的作用下在模具内加工成容器；灌注系统在容器中灌入产品的同时排出容器内的气体；密封单元的头模将容器密封后模具单元张开，机械手将产品经通道送出灌装间，送入普通生产区。

（1）生产前的准备

模具是设备完成塑袋吹制、成型，药品灌装及封口的重要部分，生产前需检测模具闭合单元的运行状况，确认模具闭合单元是否在稳定的线性导轨上精确、平稳地运行；保证塑袋在模具单元一次完成吹制、灌装和封口，顺利完成脱模。

真空系统是吹灌封设备重要的公共系统，保持真空泵运行平稳，提供稳定的真空度，可使塑袋吹制、成型良好，确保塑袋的密封性能。在生产开始前和生产过程中，应将塑袋头部、颈部、袋身、底部和拉环等列为中间控制重要参数，用于确认真空系统运行状况。

吹灌封设备的终端过滤装置包括：A 级送风系统、压缩空气终端过滤器、药液管路终端过滤器。设备自带 A 级送风系统，用于吹灌封过程的环境保护，在设备验证与确认过程中，应对独立送风系统进行验证，并定期监测过滤器，保证灌装区环境符合工艺要求；压缩空气终端过滤器、药液管路终端过滤器进行完整性检测。吹灌封设备设置自动在线清洗、灭菌系统，能对所有产品管路和排放管路进行 CIP/SIP。在线灭菌过程中，要求所有温度探头达到灭菌温度后开始灭菌计时，达到设定时间自动进行过滤器的干燥备用。除上述要求外，还需定期对液压系统、气动系统、冷却水系统、润滑系统等按设备要求进行确认。

（2）吹、灌、封操作

塑料粒子通过自动吸料装置经真空系统吸入，调整真空吸入挤出机螺杆的温度与设定值一致，精度控制在 2℃ 以内，保证挤出的管坯连续、均匀且长度一致，并能自动剔除废坯。设备具有缺料时报警装置，保证设备连续运行。模具在截取袋坯后闭合呈密闭状况，由设备吹灌封芯轴系统完成吹制、灌装、封口；头模闭合，完成封口。生产过程中需检测产品外形光滑无毛刺、无突出、无破损、无气泡，字迹刻度线清晰。根据设计要求，吹灌封设备可增加外盖焊盖工序，以满足用户临床加药及持针需要，外盖加入振荡设备，以便及时准确地将盖输送到焊盖机导条上，确保无卡盖。

① 挤出　由塑料粒子生成的管坯进入打开的吹塑模具，管坯头部在挤出机头下面被切断，见图 5-13。

图 5-13　挤出

② 成型　主模具合拢，同时将容器底部密封；特制的芯轴单元下降到容器颈部位置，使用压缩空气将管坯吹制成容器，见图 5-14。

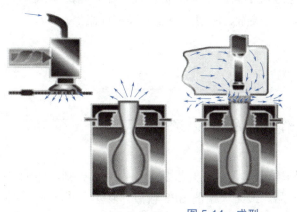

图 5-14　成型

③ 灌装　通过特制的芯轴单元，经计量单元精确计量的药液被灌入容器，见图 5-15。

④ 封口　当特制的芯轴单元回撤后，头模合拢，用真空抽取完成封口，见图 5-16。

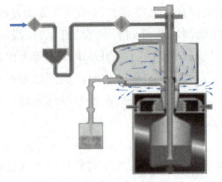

图 5-15 灌装　　　　　　　　　图 5-16 封口

⑤ 模具打开　模具打开后，容器被输送出设备，设备开始进行下一个生产周期。通过传输系统，容器被送至下一工序。

(3) 检漏

检漏在塑料容器输液中为容器密封完整性检验。BFS 输液密封完整性问题通常发生在容器制作过程中，对于设计外盖的 BFS 输液，焊接的外盖也存在使用过程中漏液的风险性。因此，在药品的全生命周期应注重容器密封完整性研究，在设计时需进行密封完整性验证和最苛刻灭菌条件、微生物侵入、真空状态挑战性等验证；生产过程需在完成吹灌封工序后进行密封完整性检测。BFS 输液密封完整性检测通常在吹灌封工序进行，采用在线和非在线检测，在线检测是最理想且直接的检测方法，常用的方法为通过高压电原理或压力测试，检测容器是否存在缺陷。非在线检测可采用称重法和真空检查法。

(4) 生产过程控制

BFS 输液生产过程控制应按照《药品生产质量管理规范》要求对全工序进行控制。同时，还应对不同的中间控制参数，如容器成型或接口的缺陷、密封性、重量差异、装量、漏液（耐压）等进行监控。

5.2.4　任务实施

5.2.4.1　吹灌封一体机洁净厂房及空气净化系统

(1) 洁净厂房设计

洁净厂房的设计根据输液产品生产工艺要求分为两大类别，即最终灭菌产品与非最终灭菌产品。最终灭菌的 BFS 输液，环境要求采用 C 级和 D 级背景下的局部 A 级。吹灌封设备自带独立 A 级风淋系统，为设备核心控制区提供洁净空气。企业需进行厂房空气净化系统验证，同时，在设备验证、产品工艺验证以及质量监控过程中，对设备供应商提供的 A 级风淋系统进行验证、再验证。

吹灌封设备洁净厂房示意如图 5-17 所示。

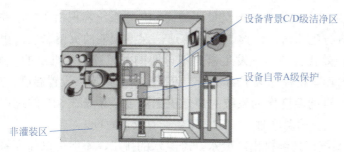

图 5-17 吹灌封设备洁净厂房示意图

（2）洁净压缩空气

洁净压缩空气系统为辅助系统，为主设备提供 A 级洁净压缩空气，用于管坯支持、容器吹制、空气保护等。

洁净压缩空气的制备需经过干燥和除菌过滤。经主设备终端过滤器的空气洁净度应符合 A 级洁净空气要求，如表 5-4 所示。

表 5-4 洁净空气要求

位置	方法	要求
设备背景 C/D 级洁净区	风速	需确定 / 必须是过压
	空气传播微生物	<100cfu/m^3 或者 50cfu/（90mm 盘·4h）
	悬浮粒子	动态无要求，C 级背景静态下要求 3500/m^3
	接触 / 抹拭盘	需定义 4～30cfu/cm^2
人员	接触盘 / 手套	最大值：10cfu/25cm^2
	全面接触盘	最大值：40cfu/25cm^2
设备自带 A 级区域	风速	需确定 / 必须是过压
	空气传播微生物（不能用沉降盘）	<1cfu/m^3
	悬浮粒子	最大值 3500/m^3 动态
	接触 / 抹拭盘	<1cfu/25cm^2

5.2.4.2 符合 BFS 工艺要求的配制系统还应该具备的功能

符合 BFS 工艺要求的配制系统还应该具备以下功能：①良好的密闭性，灭菌后为防止污染，系统内要在正压、密闭的条件下保存；②良好的耐压性，系统 SIP 时为保证灭菌温度，要保持一定的压力；③耐高温，整个系统的组件都要耐高温，所有管、阀的密封垫应采用聚四氟乙烯等耐高温材料。在无菌工艺中，细节决定成败，配制系统（CIP/SIP）设计安装时，有些关键要素一定要引起高度重视：

① 所有工艺管线的设计、安装要符合无菌工艺要求。工艺管线在设计安装时要有合理的坡度，采取"步步低"或"步步高"设计，不得出现中间低的 U 形，以免积液；变径要采用偏心变径，物料管线要有合理的流速，否则将影响 CIP 效果，冷凝水排放管线口径过大，将影响 SIP 的温度和压力的稳定。

②纯蒸汽发生器的产汽量要与需 SIP 的系统容积相匹配,并拥有有效的蒸汽分配系统,能控制蒸汽流速,保持预期的灭菌温度。用蒸馏水机组的一效代替纯蒸汽发生器是不可取的,因蒸馏水机组的一效温度、压力、内毒素指标都达不到要求。应在系统的最冷点设置温度计量装置,并以最冷点的温度作为系统的最低灭菌温度。系统在 SIP 的过程中如出现低于最低灭菌温度时,一定要重新计算灭菌时间。

③系统可持续排出冷凝水。冷凝水的排出,不但可以保证系统的灭菌温度,还可以将溶于水的热原一同排出系统。冷凝水排水管线一定要设排空装置,以防产生背压,污染系统。

④可排出系统内不凝结的气体,不凝结的气体(主要是空气)是热的不良导体,它的存在直接影响灭菌效果。除设计时要考虑系统空气排放方式外,正确选用、合理设置疏水阀实现汽 / 气 / 水分离,也是保证 SIP 效果的关键条件之一。应选用"热静力"型疏水阀,它不但可以排除系统内的冷凝水,还可以排除系统内的冷空气,保证系统的灭菌效果,防止系统内冷气团的存在。

 5.2.5　思政小课堂

BFS 输液生产过程应按照《药品生产质量管理规范》要求对全工序进行控制。规则意识是药品生产过程中的重要意识。在药品生产过程中,药品的风险可分为天然风险和人为风险两种,人为风险是较为严重的一种,"几乎是社会层面的灾害事件"。"齐二药假药案""欣弗劣药案",这些药品质量问题的发生具有极其复杂的因素,其中一个重要原因就是药厂为了控制成本而放弃了对科学常规的重视,不遵守法规法纪,不按照规范办事,从而造成对药品质量这个事关企业命脉问题的漠然。

作为一名药品生产的工作者,一定要恪守职业道德,对药品进行严格的质量控制,我们要具有强烈的责任感和作为药品生产工作者的高度自豪感。

药品是特殊的商品,药品的质量控制至关重要,关系着人类的生命与健康。因此,药品生产者要具有科学严谨的工作态度、责任心、职业道德。面对医药行业激烈的竞争与各种利益的诱惑,严格执行国家药品标准,恪守职业道德,遵纪守法,践行社会主义核心价值观尤为重要。作为学生不仅需要掌握药品生产专业的知识和技能,更要具有科学公正、实事求是的工作作风,遵纪守法的法治观念,积极向上的人生观和社会责任感。

5.2.6 任务评价

任务	项目	分数	评分标准	实得分数	备注
洗灌封一体机有什么作用和特点		20	不合格不得分		
洗灌封一体机的主要结构组成是什么（看懂结构图）		20			
洗灌封一体机的工作原理是什么？		20			
洗灌封一体机对洁净度的要求是什么		40			
总分		100			

5.2.7 任务巩固与创新

1. 查阅相关资料，洗灌封一体机同类产品有哪些？（查找型号和生产厂家）

_____

_____

2. 查阅相关资料，洗灌封一体机如何进行维护与保养？

_____

_____

5.2.8 自我分析与总结

| 学生改错 | 学生学会的内容 |

学生总结：

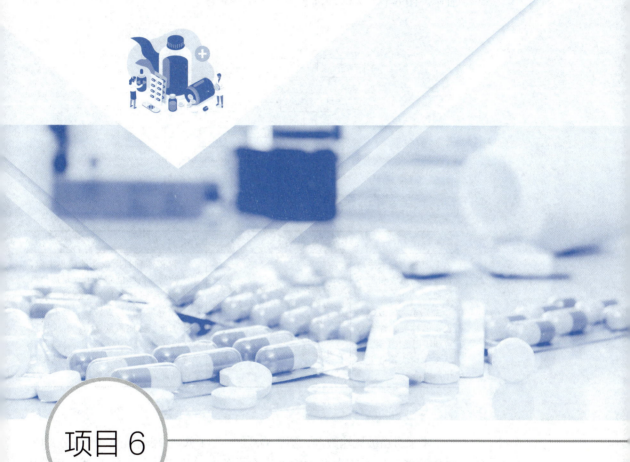

项目 6

大输液生产线操作与维护

项目导读

大容量注射液又称大输液，通常是指容量大于或等于 50ml 并直接由静脉滴注输入体内的液体灭菌制剂，大输液与片剂、水针剂、粉针剂、胶囊剂统称为我国医药行业五大重要制剂。按其临床用途，大输液可分为体液平衡类输液、抗生素类输液、营养类输液与其他治疗类输液四大类别，主要应用于补充体液、电解质及营养，并可作为血浆代用液维持血压。图 6-1 为大输液灌装生产工艺流程图。

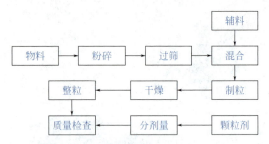

图 6-1 大输液灌装生产工艺流程图

项目学习目标

知识目标	能力/技能目标	思政目标
1. 掌握大输液生产设备结构组成和工作原理。 2. 熟悉大输液生产设备的种类、性能特点和应用范围。 3. 了解大输液主要生产岗位	1. 能操作大输液生产设备。 2. 能常规维护保养大输液生产设备。 3. 能清洁大输液生产设备。 4. 能排除常见故障	1. 深挖本项目所蕴藏的敬畏生命、守法诚信、自强创新等思政元素和思政载体，弘扬社会主义核心价值观。 2. 培养学生严谨细致、一丝不苟的工作态度，强化质量意识，追求极致的工匠精神。 3. 培养学生学习、思考、总结和求真创新能力

项目实施

本项目由玻瓶输液剂、塑瓶输液剂、非 PVC 软袋输液剂三个任务构成。学会了这三种不同类型大输液生产设备的结构组成、工作原理、标准操作、维护保养及如何排除常见故障，理解相关知识和方法之后，便可以举一反三地完成其他不同类型的大输液生产设备的操作、保养与维护。同时，注重药德、药技、药规教育，强化学生求真务实、合规生产、团队协作精神等社会能力。

任务 6.1 玻瓶输液剂生产设备操作与维护

6.1.1 任务描述

输液玻璃瓶所用材料为硬质中性玻璃,物理化学性质稳定,胶塞采用合成胶塞。玻瓶输液剂已经实现自动化生产,主要使用玻瓶输液剂联动生产线,其设备由超声波粗洗机、超声波精洗机、灌装加塞机、轧盖机、高速上瓶机、高速卸瓶机等组成。玻璃瓶装输液剂的生产过程见图6-2。

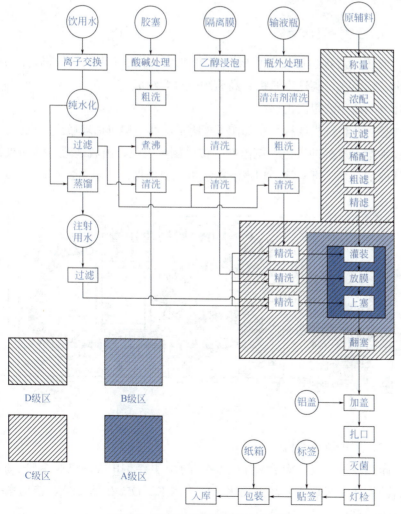

图 6-2 玻璃瓶装输液剂的生产过程

6.1.2 任务学习目标

知识目标	能力/技能目标	思政目标
1. 掌握玻瓶输液剂生产设备结构组成和工作过程。 2. 熟悉玻瓶输液剂生产设备的种类、性能特点和应用范围。 3. 了解玻瓶输液剂生产设备主要生产岗位	1. 能操作玻瓶输液剂生产设备。 2. 能常规维护保养玻瓶输液剂生产设备。 3. 能排除常见故障	1. 深挖本任务所蕴藏的敬畏生命、守法诚信、自强创新等思政元素和思政载体，弘扬社会主义核心价值观。 2. 培养学生严谨细致、一丝不苟的工作态度，强化质量意识，追求极致的工匠精神。 3. 培养学生学习、思考、总结和求真创新能力

6.1.3 完成任务需要的新知识

6.1.3.1 设备结构

玻瓶输液剂生产设备主要由超声波粗洗机、超声波精洗机、灌装加塞机、轧盖机、高速上瓶机、高速卸瓶机等组成。

（1）超声波粗洗机

超声波粗洗机结构示意如图6-3所示，其结构包括理瓶进瓶机构、超声波水槽、瓶外冲工位、瓶内冲工位、倒水工位、出瓶装置、传动机构、电气控制系统、机架等。超声波粗洗机主要部件及作用见表6-1。

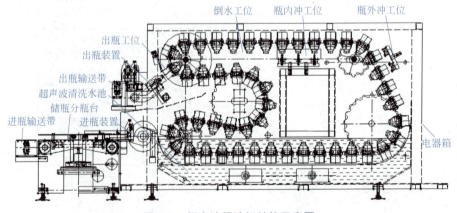

图6-3 超声波粗洗机结构示意图

（2）超声波精洗机

超声波精洗机结构示意如图6-4所示，其结构由理瓶进瓶结构、盛瓶篮、冲纯化水工位、冲注射用水工位、倒水工位、出瓶工位、传动系统、电气控制系统、机架等组成。

表 6-1 超声波粗洗机主要部件及作用

主要部件	作用	图例
进瓶机构	将输液瓶分成一道道进入进瓶装置	
进瓶篮机构	盛瓶篮用于盛放一定数量的输液瓶进入超声波清洗机箱内进行超声波清洗	

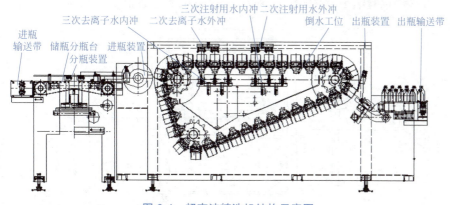

图 6-4 超声波精洗机结构示意图

(3) 旋转式灌装加塞机

旋转式灌装加塞机可将灌装、充氮、压塞合为一体,灌装后在中间过渡拨轮可增加充氮装置进行充氮,充完氮气后马上进入加塞工位进行加塞,可以有效避免交叉污染,保证药品质量,同时可以减少洁净室面积和减少人工,提高生产效率。其结构如图 6-5 所示。

(4) 玻瓶轧盖机

玻瓶轧盖机一般由振动落盖装置、压盖头、轧盖头、输瓶等部分组成,工作流程为:进瓶—挂盖—压盖—轧盖—出瓶,结构简图如图 6-6 所示。

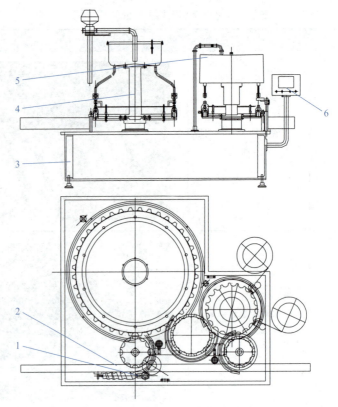

图 6-5 旋转式灌装加塞机结构示意图
1—螺杆；2—输送轨道；3—机架；4—灌装组件；5—压盖组件；6—电器柜

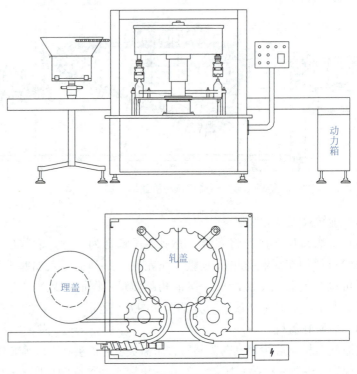

图 6-6 玻瓶轧盖机结构简图

（5）高速上瓶机

高速上瓶机的作用是将灌装、轧盖后的玻璃输液瓶推上灭菌小车，结构简图见图 6-7 所示。

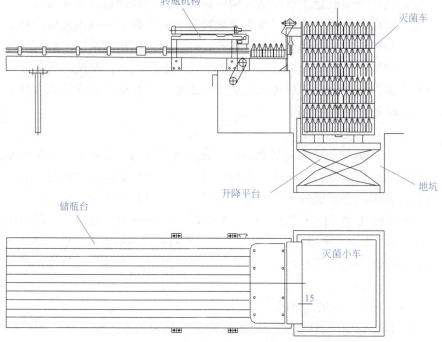

图 6-7　高速上瓶机结构简图

（6）高速卸瓶机

高速卸瓶机由推瓶台、输瓶台两部分组成，其作用是将灭菌后的玻璃输液瓶从灭菌小车中推到输瓶台上。高速卸瓶机外形结构见图 6-8。

图 6-8　高速卸瓶机外形结构

6.1.3.2 工作过程

(1) 超声波粗洗机

以 QCX26 型超声波粗洗机为例。其洗瓶过程为：进瓶输送带将玻瓶输进储瓶台→储瓶台上有分瓶机构将玻瓶分成一道道进入进瓶装置→进瓶装置将瓶带入盛瓶篮内（每次进瓶数等于篮子数）→再由盛瓶篮将瓶子送入超声波清洗机箱内（进行超声波清洗）→超声波清洗完后再进行常水外冲洗→外冲洗后再进行内冲洗（内冲 3 次）→内冲洗完成后进入倒水工位倒水→倒完水后再到出瓶工位出瓶（将瓶输出）→然后由输送带将瓶输到超声波精洗机。

(2) 超声波精洗机

以 JXA26 型超声波精洗机为例。其洗瓶过程为：进瓶输送带将玻瓶输进储瓶台→储瓶台上有分瓶机构将瓶分成一道道进入进瓶装置→进瓶装置将瓶带入盛瓶篮内（每次进瓶数等于篮子数）→再由盛瓶篮将瓶子带入到冲纯化水工位（内冲 3 次、外冲 1 次）、→冲完纯化水后再进入冲注射用水工位（内冲 3 次、外冲 1 次）→然后再进入倒水工位进行倒水→倒完水后再到出瓶工位出瓶（将瓶输出）→然后由输送带将瓶输到灌装工序。

(3) 旋转式灌装加塞机

以 GFS48/20 旋转式灌装加塞机为例。输液瓶通过输瓶轨道的传送首先进入进瓶绞龙，即以给定的距离分瓶，进入灌装部分灌装，灌装是利用时间、恒流原理灌装，装量是通过电脑调节、计量准确，具有简单、方便、准确的特点。

充氮在中间过渡拨轮完成，靠氮气储气罐中储存的氮气压力，通过细的氮气喷管喷到灌装好的玻瓶内。

压塞也通过中间过渡拨轮（充氮拨轮），进入压塞定位拨盘，胶塞压实后，最后经出瓶轮到输瓶轨道进入轧盖工序。胶塞通过螺旋振荡器作用，进入压塞位置

(4) 玻瓶轧盖机

以 FG20 型轧盖机为例。以螺旋振荡器轨道送盖，玻瓶瓶口挂盖后，轧盖机将铝盖与胶塞、瓶口轧紧，只要更换若干零件即能适应 100ml、250ml、500ml 的输液瓶。

输液瓶通过输瓶带的传送首先进入进瓶绞龙，即以给定的距离分瓶，再通过进瓶拨轮套上铝盖后进入中心拨轮，这时旋转着的轧头同输液瓶在同一垂直中心线上，在主传动的带动及凸轮的作用下，首先轧头上的顶盖头压住铝盖，随即三把旋转着的轧刀进入工作状态将铝盖同胶塞、玻瓶瓶口紧紧地轧在一起，最后经出瓶星轮送至输瓶轨道进入灭菌工序。

(5) 高速上瓶机

以 DSP100/500 高速上瓶机为例，灭菌小车由地面推上升降平台，升

降平台将灭菌小车提升至最低层托瓶面与储瓶台平齐，若储瓶台上有瓶，则顶瓶气缸将瓶子推入灭菌小车，若此层已排满瓶子，则升降平台自动下降一层，推瓶动作又重新开始，待小车最高层都装满瓶子，则推瓶动作停止，升降平台又将灭菌小车送回地面，小车推出，转运玻瓶输液剂至灭菌柜。

（6）高速卸瓶机

以 XP100/500 型高速卸瓶机为例，灭菌小车从灭菌柜推出来后，小车推上升降平台，调整升降平台将灭菌小车提升至最高层托瓶面与卸瓶机上推瓶板工作面相平。

点动推瓶板将小车最上层整层瓶子推出，再点动升降平台上升一层，再点动推瓶板，如此循环。

6.1.4 任务实施

6.1.4.1 玻瓶输液剂生产线的操作

（1）玻瓶超声波粗洗机

操作与清洁见表 6-2。

表 6-2 玻瓶超声波粗洗机操作与清洁

项目	操作与清洁
开机前准备	1. 检查设备是否有"合格"标牌、"已清洁"标牌。 2. 确认超声波水箱水位，需要完全淹没超声波体。 3. 确认水温：50～60℃。 4. 确认循环水冲洗压力：0.2～0.6MPa。
生产操作	1. 将选好的瓶子放在进瓶轨道上，使轨道上保持足够的瓶子，以防止倒瓶。 2. 确认超声波水箱底阀关闭 3/4。 3. 按顺序开启上瓶传送带、超声波、主机。 4. 顺时针方向缓慢旋转变频器旋钮，使速度与后工序精洗速度相匹配。 5. 玻璃输液瓶进入洗瓶机进行超声波洗瓶，超声波洗瓶顺序为：饮用水 2 次外洗 + 饮用水 3 次内冲洗，输送至精洗机
设备清洁与消毒	1. 摘下本批生产标示牌。 2. 清除生产过程中的废弃物，并分类送入垃圾池内。 3. 如下批生产同规格的输液，剩余的玻璃瓶可供下批使用，并办理交接手续；如下批生产不同规格的输液，剩余的玻璃瓶重新包装后退回仓库。 4. 对生产现场进行清洁，清洁程序：先物后地、先上后下、先拆后洗、先零后整。 5. 日清场结束，房间挂"已清场"标示牌

（2）玻瓶超声波精洗机

操作与清洁见表 6-3。

表 6-3　玻瓶超声波精洗机操作与清洁

项目	操作与清洁
开机前准备	1. 检查设备是否有"合格"标牌、"已清洁"标牌。 2. 确认循环水冲洗压力：0.1～0.6MPa。 3. 确认纯化水冲洗压力：0.1～0.6MPa。 4. 确认注射用水冲洗压力：0.3～0.6MPa。 5. 开启注射用水阀门，使注射用水经滤器放空排掉，用250ml锥形瓶检查过滤后注射用水水质，不得有异物
生产操作	1. 按顺序开启上瓶传送带、超声波、主机。 2. 顺时针方向缓慢旋转变频器旋钮，使速度与前工序粗洗速度相匹配。 3. 输液瓶进入精洗机进行精洗，精洗顺序为：2次纯化水和注射用水回用水外洗+3次纯化水和注射用水回用水内冲洗→纯化水2次内冲洗→注射用水1次内冲洗。 4. 洗瓶过程中，每批随机抽取4瓶已精洗的输液瓶，检查残留水体积均不得超过0.5ml，输送至灌装工位
设备清洁与消毒	1. 摘下本批生产标示牌。 2. 清除生产过程中的废弃物，并分类送入垃圾池内。 3. 如下批生产同规格的输液，剩余的玻璃瓶可供下批使用，并办理交接手续；如下批生产不同规格的输液，剩余的玻璃瓶重新包装后退回仓库。 4. 对生产现场进行清洁，清洁程序：先物后地、先上后下、先拆后洗、先零后整。 5. 日清场结束，房间挂"已清场"标示牌

（3）旋转式灌装加塞机

操作与清洁见表 6-4。

表 6-4　旋转式灌装加塞机操作与清洁

项目	操作与清洁
开机前准备	1. 检查设备是否有"合格"标牌、"已清洁"标牌。 2. 装量调节，用量筒检查每只灌装头的装量，装量要求： 500ml规格产品（500～510ml）； 250ml规格产品（250～255ml）； 100ml规格产品（100～105ml）； 50ml规格产品（51～55ml）
生产操作	1. 开启灌装充氮上塞机传送带、主机，速度与玻瓶精洗速度相匹配。 2. 开启（关闭）氮气阀，对已灌装产品进行充氮保护（根据生产品种开闭）。 3. 将已清洗的丁基胶塞加入到上塞斗中，开启振荡器，使胶塞布满上塞轨道，调节上塞频率与生产速度一致。 4. 将检验合格的药液经药液泵输至灌装机，启动灌装加塞机，使药液注入已清洗的输液瓶中。 5. 随时注意观察、调整药液的装量，使其严格控制在要求范围之内

续表

项目	操作与清洁
设备清洁与消毒	1. 摘下本批生产标示牌。 2. 清除生产现场的废弃物，将洁净区内废弃物经废回间传出后放至指定地点。 3. 对生产现场进行清洁，清洁程序：先物后地、先上后下、先拆后洗、先零后整。 4. 生产过程中的废弃物送至废品池。 5. 日清场结束，房间挂"已清场"标示牌

（4）玻瓶轧盖机

操作与清洁见表6-5。

表6-5 玻瓶轧盖机操作与清洁

项目	操作与清洁
开机前准备	1. 检查设备是否有"合格"标牌、"已清洁"标牌。 2. 检查轧盖机运转正常，轧盖机料斗内加入适量铝盖
生产操作	1. 按顺序开启传送带、振荡器、轧盖机主机。 2. 每个轧盖头试轧1瓶，仔细观察轧盖质量，再根据轧盖的松紧度调节轧刀的位置，应使所有轧刀在同一水平线上。 3. 根据灌装速度调节轧盖机的运行频率，使之与生产相协调。 4. 随时注意观察轧刀的深浅程度，轧盖无松动、铝盖边口无齿状或翻边缩边。 5. 塑盖无脱落、破裂或松动。 6. 铝盖任何部位不得破裂或明显压痕。 7. 发现上述情况应立即停机进行调整。 8. 如遇轧破瓶子，须立即停机清除碎玻璃，并用毛巾擦干净现场
设备清洁与消毒	1. 摘下本批生产标示牌。 2. 清除生产现场的废弃物，将洁净区内废弃物经废回间传出后放至指定地点。 3. 对生产现场进行清洁，清洁程序：先物后地、先上后下、先拆后洗、先零后整。 4. 生产过程中的废弃物送至废品池。 5. 剩余铝盖清点数量后退回仓库。 6. 日清场结束，房间挂"已清场"标示牌

（5）安全与保护

见表6-6。

表6-6 安全与保护

项目	安全与保护
人员安全	1. 按时参加安全教育。 2. 设备运转过程中，不得将手或身体其他部位及工器具伸入设备，防止发生将衣角、袖口卷进机器等人身伤害事故。 3. 使用高温注射用水时防止烫伤。 4. 不得用湿手接触电器按钮，防止触电。 5. 生产过程中遇有炸瓶、掉盖现象，不得用手取或用器具扫除，清理时必须先停机。 6. 维修时必须停机，需切断电源并有专人监护

续表

项目	安全与保护
设备安全	1. 按章操作，严禁违章作业，安全防护、保险、报警、急救装置或器材应完备。 2. 维修、清洁时必须停机，且切断电源，并有专人监护。 3. 查出事故隐患，三不放过
劳动保护	个人劳动防护用品应齐全并能正确使用

6.1.4.2 玻瓶输液剂生产设备的维护与保养

药品生产设备的维护与保养是操作人员的重要工作内容之一。一台精心维护的设备往往可以长期保持良好的性能而无需进行大修，如忽视维护与保养就可能导致设备在短期内损坏，甚至发生事故。药品生产企业应对所有操作人员进行设备操作的理论和实操培训，确保操作人员能够按照规定的要求，正确、规范地操作设备。

（1）机器润滑

① 查看设备运行记录、设备润滑记录。

② 润滑周期：每3个月打开机箱，清洁箱内油污及其他杂物，对各运动机构加注润滑油进行润滑。每年拆解减速机，将箱体内的润滑油放出，全部更换新的润滑油。清洗各传动齿轮，对磨损严重的齿轮予以更换。

（2）机器保养

① 保养周期：每月检查机件、传动轴一次；整机每半年检修一次。

② 保养内容：机器保持清洁；定期检查齿轮箱、传动轴、轴承等易损部件，检查其磨损程度，发现缺损应及时更换或修复；检查电机同步带的磨损情况，更换破损同步带，调整传动带张紧机构，使之大小适度；检查各管路、阀门等有无泄漏，如有必要进行更换；检查清洗各滤芯，如有必要予以更换；检查控制柜、线路情况、电器元件、真空系统、压缩空气系统、氮气系统，更换垫圈、过滤器等易损件。

6.1.4.3 玻瓶输液剂洗灌封一体机常见故障及排除方法

设备操作人员应熟悉所用设备特点，懂得拆装注意事项及鉴别设备正常与异常现象，会进行一般的调整和简单的故障排除，自己不能解决的问题要及时上报，并协同维修人员进行排除。

玻瓶输液剂洗灌封一体机常见故障及排除方法见表6-7。

表6-7 玻瓶输液剂洗灌封一体机常见故障及排除方法

故障现象	原因分析	排除方法
电动机无法运行	1. 保险丝熔断、开关接线断开。 2. 设备过载，连锁保护脱开。 3. 电气元件失灵。 4. 电机损坏。	1. 检查保险丝、开关线头，予以排除。 2. 检查传动装置，排除故障。 3. 检查电气元件，排除故障。

续表

故障现象	原因分析	排除方法
电动机无法运行	5. 减速机严重磨损。 6. 电源电压过低	4. 更换电机。 5. 检修或更换减速机。 6. 测量电源电压，通知电工维修
无法运行同步带	1. 连接用齿轮损坏。 2. 设备过载，连锁保护脱开。 3. 输送同步带打滑。 4. 保险丝熔断。 5. 进线有断线或开关接线断开。 6. 电气元件失灵。 7. 主电机损坏或烧毁	1. 检查齿轮，更换。 2. 检查传动装置，排除故障。 3. 检查同步带是否过松或磨损，紧固或更换。 4. 检查保险丝，予以排除。 5. 检查进线、开关线头，予以排除。 6. 检查电气元件，排除故障。 7. 更换电机
进瓶台进瓶不畅	1. 进瓶轨道间隙小。 2. 进瓶轨道松动。 3. 轨道垫条磨损。 4. 轨道间有碎玻璃	1. 调整轨道间隙。 2. 紧固轨道螺栓。 3. 更换垫条。 4. 清理干净
进瓶台处倒瓶	1. 轨道间有碎玻璃。 2. 过渡板严重磨损	1. 清理干净。 2. 更换过渡板
推瓶片处倒瓶、翻瓶	1. 推瓶片上有毛刺或严重磨损。 2. 推瓶片松动。 3. 进瓶轨道有碎玻璃	1. 更换推瓶片。 2. 紧固推瓶片。 3. 清理干净
泵不工作或流量小	薄膜阀损坏或磨损严重	更换
洗瓶洁净度不够	1. 离子风压力不够。 2. 滤芯损坏或堵塞	1. 检查离子风压力，调到规定值。 2. 更换滤芯
灌装计量不准	1. 压力不稳定（液面高度不稳定）。 2. 电磁阀灌装时间设定不对。 3. 电磁间动作失效、不灵敏	1. 保持液面高度稳定。 2. 调整电磁阀灌装时间。 3. 调整或更换电磁间
送胶塞速度慢	1. 振荡系统螺钉松动，输塞轨道不畅。 2. 输塞轨道入塞口与理塞斗出塞口不齐。 3. 塞子太少	1. 予以调整紧固。 2. 调整平齐。 3. 加塞

 ### 6.1.5　思政小课堂

静脉输液经历了三代：开放式、半开放式、全封闭式。

项目 6　大输液生产线操作与维护

第一代：开放式　　　　第二代：半开放式　　　　第三代：全封闭式

注射剂是可以直接注入人体内的一种无菌制剂，因此对于大输液的安全性和质量有很高的要求，而第三代大输液由于其包装材料柔软、透明、薄膜厚度小，软包装在输液过程中可以随着液体的减少不断收缩，完成药液的人体输入而不引入空气，避免了外界空气的污染，能够保证输液的安全，是目前输液包装材料的最新技术。对于制药行业的同学们，要激发创新创造潜能，培养科学严谨、敬业爱岗的工作作风，为人民健康事业做出更大的贡献。

6.1.6　任务评价

任务	项目	分数	评分标准	实得分数	备注
看示意图认知超声波粗洗机结构	主要部件	20	不合格不得分		
看示意图认知超声波精洗机结构	主要部件	20			
看示意图认知轧盖机结构	主要部件	20			
简述轧盖机工作过程		20			
简述常见故障		20			
总分		100			

 ## 6.1.7　任务巩固与创新

1. 轧盖机轧盖质量，决定因素有哪些？

2. 查阅相关资料，自学高速卸瓶机结构及工作过程。

6.1.8 自我分析与总结

学生改错	学生学会的内容

学生总结：

任务 6.2 塑瓶输液剂生产设备操作与维护

 6.2.1 任务描述

塑瓶输液剂，具有重量轻、运输费用较低、口部密封性好、瓶体无脱落物、生产过程污染较少等优点。目前，塑瓶大输液产量已经远超过玻瓶大输液的产量。塑瓶输液剂主要的生产设备为吹洗灌封一体机，适用于 100～500ml 各种塑料瓶，结构合理，性能稳定，生产效率高。

塑瓶输液剂生产设备主要由全自动吹瓶机、洗瓶装置、灌装系统、封口装置、输瓶中转装置和自动控制系统等组成，能自动完成吹瓶、洗瓶、灌装、封口全部生产过程。塑瓶输液剂生产过程示意见图 6-9。

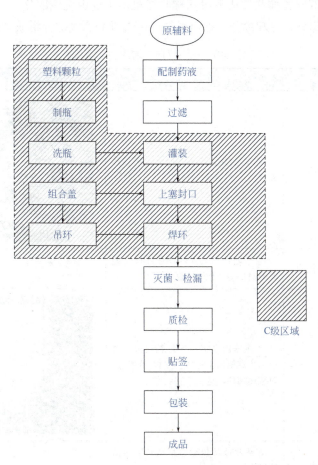

图 6-9 塑瓶输液剂生产过程示意

6.2.2 任务学习目标

知识目标	能力/技能目标	思政目标
1. 列举塑瓶输液剂生产设备的组成。 2. 解释塑瓶输液剂生产设备工作原理。 3. 了解塑瓶输液剂生产设备主要生产岗位	1. 能操作塑瓶输液剂生产设备。 2. 能常规维护塑瓶输液剂生产设备。 3. 能排除常见故障	1. 深挖本任务所蕴藏的敬畏生命、守法诚信、自强创新等思政元素和思政载体，弘扬社会主义核心价值观。 2. 培养学生严谨细致、一丝不苟的工作态度，强化质量意识，追求极致的工匠精神。 3. 培养学生学习、思考、总结和求真创新能力

6.2.3 完成任务需要的新知识

6.2.3.1 设备结构

（1）预热双向拉伸吹塑成型机

预热双向拉伸吹塑成型机简称吹瓶机，主要由机械部分、气动控制部分、电气部分、冷却部分、抽风系统、加温部分六大部分组成。见表6-8。

表6-8 预热双向拉伸吹塑成型机

主要部件	作用	图例
大链传动机构	是设备的主运动机构，运送加热瓶坯	
小链传动机构	通过随行夹具，带动瓶坯自转使其受热均匀，便于吹塑成型	
加热器	加热器由多组加热灯箱组成，每个加热灯箱由5～7根加热灯管组成，对瓶坯加热，达到吹塑状态	
取坯机构	加热瓶坯从传动链移动到中间站的机构	

续表

主要部件	作用	图例
送坯机构	将中间站的加热瓶坯送入模腔吹瓶	
取瓶机构	将成型的塑料瓶从模具中取出	
送瓶机构	将取瓶机构移出的塑料瓶送至焊环机	
合模机构	实现模具开合以及吹瓶锁模的机构。吹瓶锁模采用伺服电机，吹瓶使用高压气	
封口机构	实现拉伸和吹气的机构，拉伸有伺服拉伸和气缸拉伸两种。伺服拉伸操作方便，但是维修困难，需要专业人员维修；气缸拉伸维修方便	
气动控制部分	气动部分主要由气源、气动回路、控制元件、执行元件组成。气动回路由低压回路和高压回路两部分组成。低压气路属于操作系统气路，压力为 0.8～1.0MPa，与电气配合通过控制元件（电磁阀）来控制执行元件（气缸等）动作。高压气路，压力为 1.5～2.5MPa，用于吹瓶成型	
电气部分	由 PLC、触摸屏、加热管及控制元件组成。PLC 微电脑控制是整个机器的心脏，控制各处动作有条不紊地完成，实现人机对话，方便设备操作	
冷却部分	冷却系统有冷冻水（LDS）和冷却水（LQS）两部分，由循环冷却塔、水泵、冷冻机、阀件、管件等组成	
抽风系统	抽风系统有侧吹风和顶抽风两部分。主要调节加热区内环境的空气流通和内环境温度。抽风系统会直接影响塑瓶成型质量，导致瓶子破瓶或瓶底起皱	
加温部分	加温由灯管加热瓶坯，灯管功率 2kW。加热参数的调整由 PLC 控制	

（2）塑瓶输液剂洗灌封联动机（见表6-9）

表6-9　塑瓶输液剂洗灌封联动机

主要部件	作用	图例
离子风清洗	离子风枪入瓶清洗成型的塑料瓶，消除瓶内微粒	
恒压灌装	将配置好的药液灌装到塑料输液瓶内，具备无瓶不灌装功能	
热熔封口	塑料输液瓶通常使用热熔封口	

6.2.3.2　工作过程

（1）预热双向拉伸吹塑成型机

医用级聚丙烯原料经送料机输送到注塑台料斗内，料斗内原料流入注塑螺杆内经加热并熔融后由注塑系统注入注塑模具（瓶坯模）内，经冷却后脱模形成瓶坯。再经预备吹塑工位，通过温度分布调整后，由低压空气对瓶坯进行预备吹塑，以达到消除原料内部应力并促进双向拉伸效果。经预吹后瓶坯再传动到吹瓶工位进行高压空气吹塑及定型，最终产品经滑槽送到机台外。吹瓶工艺流程分为四个工位。①注射工位：熔融的聚丙烯注入注射模具中，冷却定型后成管坯。②加热工位：预热及预吹。③吹塑工位：管坯预吹后，在吹塑模具内用高压空气吹塑成型。④出瓶工位：成型塑瓶被取出。

（2）塑瓶输液剂洗灌封联动机

塑瓶经输送带和离子风洗瓶，通过变距螺杆及拨轮导板进入翻瓶夹子，瓶随夹子在导轨控制下翻转，离子风枪入瓶洗内壁，反转瓶口朝上以便传入灌装、封口工位，焊盖后瓶由拨轮拨入输瓶带输出机外。

① 离子风洗瓶过程　塑料瓶经传送带输送至洗瓶转盘，转盘上的机械手夹住瓶颈后将塑料瓶反转180°，使瓶口朝下，高压离子风喷针在上升凸轮的引导下插入瓶中。同时，瓶口与装有抽真空管的胶塞密合，喷针自插入瓶内起，一直跟踪塑料瓶做同步运动，转盘上每只夹瓶口的机械手对应一只离子风喷针和抽真空胶塞，每只喷针配有独立的离子发生装置，喷针顶部产生的离子由洁净压缩空气吹入瓶内，消除瓶内静电。同时，将瓶内已消除静电的微粒吹动，使其飘浮在瓶内，配置在胶塞上

的真空管将清洗后的离子风及悬浮的微粒抽走。塑料瓶进入转盘被翻转成瓶口向下后，瓶子上方被固定在机架上，瓶外离子风发生装置由风扇向下吹出离子风，对瓶子外壁进行清洗。气洗工序完成后，气洗喷针在凸轮控制下迅速下降，离开瓶口，塑料瓶重新被翻转，呈瓶口向上状，送入灌装工序进行灌装。

② 灌装过程　灌装时采用瓶颈准确定位，夹颈灌装，灌装头伸入瓶口，灌装准确。灌装时夹瓶装置将瓶颈夹住，开启光电感应，开启气控隔膜阀，进行灌装。气控电磁阀控制灌装，计量准确，灌装精度高（0～2%），无机械磨损产生的微粒；无瓶时气控隔膜阀关闭，具备无瓶不灌装功能。

③ 热熔封口过程　灌装后的瓶子通过夹瓶星轮导入夹瓶工位；盖通过理盖装置由轨道送入拨盖轮，夹盖钳取到盖后与瓶同时运动到同一工位。目前一般采用热熔封形式，用合金制成加热板，加热板不动，盖子和瓶子分别在加热板的上下移动，使盖子和瓶口表面熔化，一脱离加热板范围立即压盖封口，即瓶、盖一起一次通过压平、开启、加热、压合、脱开工位，输入到出瓶拨轮。

封口的好坏直接影响产品质量，既要避免假焊造成漏液，又不能过焊影响美观，甚至内盖熔穿。影响封口质量的因素有加热温度及时间、加热板位置、压盖压力、环境温度和加热板冷却水等。为了保证熔封质量，在封口部分设有加热前瓶盖瓶口预压装置、加热后压延装置、支撑板水冷却装置及停机后加热片自动退出装置等。

 ## 6.2.4　任务实施

6.2.4.1　塑瓶输液剂生产线操作

我国药品生产企业在《中国制造 2025》政策的指导和推动下，制药设备由传统手工操作向自动化、信息化、智能化转型，表现在塑瓶输液剂生产线上采用 PLC 控制，变频调速，触摸屏操作，提高了生产效率，降低了劳动成本。

塑瓶输液剂生产线操作与清洁规范见表 6-10，塑瓶输液剂生产设备的安全与保护见表 6-11。

6.2.4.2　塑瓶输液剂洗灌封一体机维护与保养

药品生产设备的维护与保养是操作人员的重要工作内容之一。一台精心维护的设备往往可以长期保持良好的性能而无需进行大修，如忽视维护与保养就可能导致设备在短期内损坏，甚至发生事故。药品生产企业应对所有操作人员进行设备操作的理论和实操培训，确保操作人员能够按照规定的要求，正确、规范地操作设备。

表 6-10　塑瓶输液剂生产线操作与清洁规范

项目	操作与清洁
开机前准备	1. 检查设备是否有"合格"标牌、"已清洁"标牌。 2. 检查设备状况，开机前要对各关键部位加注润滑油。 3. 检查各部分零件的齐全性，检查各连接件的情况。 4. 确认水电气连接。 5. 确认滤芯是否安装到位，过滤罩及各管路接头是否紧固到位。 6. 检查包装容器与规格件是否相符。 7. 检查是否有遗落瓶盖，需清理干净。 8. 挂"生产中"状态标志，进入生产程序
生产操作	1. 接通总电源，开启电源总开关，电源指示灯亮。 2. 启动空压机、注射用水及冷却水阀门，调节压力。 3. 按下加热按钮，调节加热板到正常工作状态。 4. 起动出瓶轨道，观察运转方向是否正确。 5. 按下水泵按钮，水泵起动。 6. 按下主机起动按钮，主电机处于运行状态。 7. 调节速度，运行平稳后再进行提速，空车运转无问题后进行正常运行。 8. 工作完毕，关闭进液阀，按加热停止按钮、水泵停止按钮、主机停止按钮、出瓶轨道停止按钮，关闭压缩空气、水源供given阀，关闭主电源开关，电源指示灯灭
设备清洁与消毒	1. 摘下本批生产标示牌。 2. 清除生产现场的废弃物，将洁净区内废弃物经废间传出后放至指定地点。 3. 对生产现场进行清洁，清洁程序：先物后地、先上后下、先拆后洗、先零后整。 4. 生产过程中的废弃物送至废品池。 5. 日清场结束，房间挂"已清场"标示牌

表 6-11　塑瓶输液剂生产设备的安全与保护

项目	操作与清洁
人员安全	1. 按时参加安全教育。 2. 设备运转过程中，不得将手或身体其他部位及工器具伸入设备，防止发生将衣角、袖口卷进机器等人身伤害事故。 3. 更换模具时，防止重部件砸伤。 4. 注意防止高温烫伤。 5. 不得用湿手接触电器按钮，防止触电。 6. 生产过程中遇有不合格瓶子，不得用手取。 7. 维修时必须停机，需切断电源并有专人监护
设备安全	1. 按章操作，严禁违章作业，安全防护、保险、报警、急救装置或器材应完备。 2. 维修、清洁时必须停机，且切断电源，并有专人监护。 3. 查出事故隐患，三不放过
劳动保护	个人劳动防护用品应齐全并能正确使用，进岗前按规定着装（工作服、鞋、帽、口罩）

① 开机前要对各运转部位，特别是蜗轮减速机、轴承、齿轮、传动链条、滚轮、凸轮、滑套等部位加润滑油。

② 如有瓶子破损或台面/板上落有瓶盖，应及时清理干净，下班前必须把机器擦洗干净，断电源。

③ 进瓶机构、交接机械手高度调整。松开进瓶链轮及各交接机械手安装盘中心的固定螺钉，旋转中心的滚花螺钉，使各机械手夹住瓶颈的合适位置，再紧固进瓶链轮及机械手安装盘固定螺钉。

④ 焊盖力量的调整。为确保瓶口与瓶盖焊接紧固而又不偏斜，旋动螺母，从而调节弹簧的弹力及焊盖头的高度，使焊盖力量适中。

⑤ 理盖斗高度调整。松开紧固螺钉，然后盘动手轮，确保理盖斗出盖口与选盖环及拨盖盘平齐，再予以紧固。

⑥ 清洗更换过滤器。易损件磨损后应及时更换，机器零件松动时，应及时紧固。

⑦ 注意规格件的保管和储存，并按生产要求置换规格件。

⑧ 机器须定期进行检修。

6.2.4.3 塑瓶输液剂洗灌封一体机常见故障及排除方法

设备操作人员应熟悉所用设备特点，懂得拆装注意事项及鉴别设备正常与异常现象，会进行一般的调整和简单的故障排除，自己不能解决的问题要及时上报，并协同维修人员进行排除。

塑瓶输液剂洗灌封一体机常见故障及排除方法见表 6-12。

表 6-12　塑瓶输液剂洗灌封一体机常见故障及排除方法

故障现象	原因分析	排除方法
机器无法启动或突然停机	1. 急停未复位。 2. 轧瓶后主机受到变频器过载保护，变频器报警。 3. 出现卡瓶、卡盖或运动部位有异物卡阻。 4. 润滑情况不好。 5. 焊盖头高度太低，负荷太大	1. 将按钮复位。 2. 应排除轧瓶，复位后重新启动主机。 3. 停机排除卡瓶、卡盖和异物。 4. 加上润滑油。 5. 调整焊盖头高度
瓶子在螺杆、拨轮处或轧瓶处不稳	1. 螺杆与拨轮槽不对应。 2. 输送带速度过快或过慢	1. 应重新调整水平高度。 2. 应调整速度
夹脚交换处有掉瓶现象	1. 夹脚打开关闭位置有误。 2. 喷针与瓶口不对中。 3. 机械手弹簧断裂	1. 应调整凸轮位置。 2. 调整喷针对中瓶口。 3. 更换弹簧
洗瓶洁净度不够	1. 喷针未对中、损坏或堵塞。 2. 洁净水、压缩空气压力不够。 3. 滤芯损坏或堵塞	1. 检查喷针。 2. 加大洁净水、压缩空气压力。 3. 更换滤芯
灌装量不准	1. 进液液流不稳。 2. 分液板距离不一致。 3. 电磁阀动作失效、不灵敏	1. 高位槽至灌装口管道太长，应缩短。 2. 应调整至同一高度。 3. 调整或更换电磁阀
封盖后漏液	1. 瓶与盖材料耐温点差异太大。 2. 内盖烧穿。 3. 加热温度不够	1. 应调整材料。 2. 应选用耐温高的材料，加大内盖与加热板的距离。 3. 应调大加热板电压，降低设备运转速度

续表

故障现象	原因分析	排除方法
送盖速度慢	1.振荡系统螺钉松动，输盖轨道不畅。 2.输盖轨道入盖口与理盖斗出盖口不齐。 3.盖子太少，振荡不振。 4.送盖压缩空气压力不够	1.予以调整紧固。 2.调整平齐。 3.加盖。 4.加大压缩空气压力
瓶子从出轮至排瓶输送带后运行不稳	1.输送带速度不正确。 2.输送带挡杆位置不正确	1.应重新调整输送带速度。 2.应重新调整高度

6.2.5 思政小课堂

塑瓶大输液有可能会由于喷针、洁净水、压缩空气或者滤芯的问题产生洗瓶洁净度不够的问题，导致废品率上升，因此在药品生产过程中，按照 SOP 进行标准的操作、清洁、保养和维护是非常重要的。

《孟子·离娄章句上·第一节》：离娄之明、公输子之巧，不以规矩，不能成方圆。

SOP 便是制药行业的规和矩，也就是标准作业程序，它将生产所需要的标准操作步骤和要求固定下来，能够有效地保证产品的质量，有时还可以用于回溯查找事故发生的原因。

作为新时代的大学生，我们要培养严谨、细致、专注、负责的工作态度和精雕细琢、精益求精的工作理念。

6.2.6 任务评价

任务	项目	分数	评分标准	实得分数	备注
看示意图认知塑瓶洗灌封一体机结构	主要部件	40	不合格不得分		
简述塑瓶大输液生产过程		40			
简述塑瓶大输液生产线常见故障		20			
总分		100			

6.2.7 任务巩固与创新

查阅相关资料，整理塑瓶大输液生产线主要生产厂家及相关信息。

6.2.8 自我分析与总结

学生改错	学生学会的内容

学生总结：

任务 6.3　非 PVC 膜软袋输液剂生产设备操作与维护

6.3.1　任务描述

非 PVC 多层共挤膜输液袋（简称软袋）是由生物惰性好、透水透气低的材料多层交联挤出的筒式薄膜在洁净 A 级环境下热合制成，有透明性好、抗低温性能强、韧性好、可热压消毒（耐 120℃高温灭菌），输液时软袋自动回缩，无需形成空气回路，能消除输液过程中的二次污染，无增塑剂不污染环境、易回收处理等优点，是目前广受欢迎的输液包装材料。非 PVC 膜软袋材料的发展经历了两个阶段，最初阶段是聚烯烃复合膜，其生产过程中在各层膜之间使用黏合剂，既不利于膜材的稳定，又影响药液的稳定性。第二个阶段是多层共挤膜，由多层聚烯烃材料同时熔融交联共挤出，不使用黏合剂和增塑剂。多层共挤膜多为 3 层结构，其内层、中层采用聚丙烯与不同比例的弹性材料混合，使得内层无毒、惰性，具有良好的热封性和弹性，外层为机械强度较高的聚酯或聚丙烯材料。其成型的复合膜或共挤膜袋具有高阻湿、阻氧性，透水透气性极低，可在 121℃消毒，适合绝大多数药物的包装。

我国非 PVC 膜软袋大输液生产线的技术已经日趋成熟，其无菌生产保障、生产线自动化控制等都有了相当的水平。随着无菌药品生产要求的不断提高，以及新包材、新工艺、新技术的不断涌现，必须进一步提高生产线的运行稳定性、降低使用维护成本、提高品质，符合 GMP 要求，更加满足输液制剂的无菌生产工艺要求。

非 PVC 膜软袋输液剂生产过程见图 6-10。

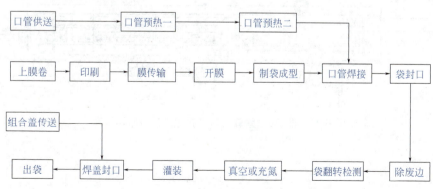

图 6-10　非 PVC 膜软袋输液剂生产过程示意图

6.3.2 任务学习目标

知识目标	能力/技能目标	思政目标
1. 非PVC膜软袋输液剂生产线设备的组成。 2. 描述非PVC膜软袋输液剂生产线工作原理	1. 会按SOP正确操作非PVC膜软袋输液剂生产设备。 2. 会对非PVC膜软袋输液剂生产设备常见故障进行分析并排除	1. 深挖本任务所蕴藏的敬畏生命、守法诚信、自强创新等思政元素和思政载体,弘扬社会主义核心价值观。 2. 培养学生严谨细致、一丝不苟的工作态度,强化质量意识,追求极致的工匠精神。 3. 培养学生学习、思考、总结和求真创新能力

6.3.3 完成任务需要的新知识

6.3.3.1 结构

非PVC膜软袋大输液生产线由制袋成型、灌装与封口三大部分组成,生产线采用直线式布置,工艺流程布局合理,各机构协调稳定,操作、维护维修、清洁方便。制袋、灌封在同一设备上完成,无需中间环节,避免造成二次污染。可自动完成上膜、印字、接口整理、接口预热、开膜、袋成型、接口热封、撕废角、袋传输转位、灌装、封口、出袋等工序。结构如图6-11所示,生产流程见图6-12,非PVC膜软袋输液剂生产设备主要部件与作用见表6-13。

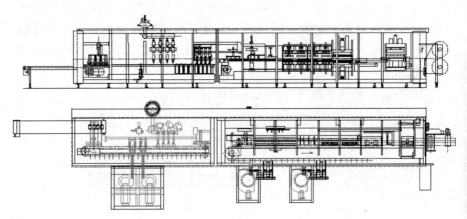

图6-11 非PVC膜软袋输液剂生产设备结构示意

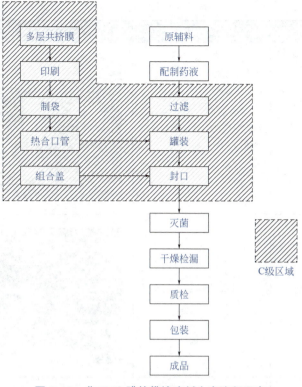

图 6-12 非 PVC 膜软袋输液剂生产流程示意

表 6-13 非 PVC 膜软袋输液剂生产设备主要部件与作用

主要部件	作用	图例
送膜工位	主要完成自动将膜送入印字、成型工位	
印字工位	印字工位是将产品标签、批号等信息印到膜上	
拉膜开膜机构	通过开膜板，在膜层顶部开口	

项目 6 大输液生产线操作与维护

续表

主要部件	作用	图例
软袋成型工位	完成袋口与膜的热合及袋的周边热合,并将袋的外形切出	
袋口热合工位	将膜与袋口热合得更牢固及美观	
袋口输送系统	采用螺旋振荡盘完成袋口的输送	
主传送机构及口管固定夹翻转机构	口管固定夹通过翻转将制袋部分成型好的袋转位成灌封状态	
灌装工位	将药液灌入合格袋中	

续表

主要部件	作用	图例
组合盖输送机构	与袋口进料系统一样，组合盖输送系统进料由螺旋振荡盘来完成	
封口工位	将灌好药液的袋与盖热焊合	
电气控制柜	采用先进的 PLC 控制与集成阀岛控制方式，线路简单，动作反应速度快，运行安全、可靠	

6.3.3.2 工作过程

非 PVC 膜软袋大输液自动生产线主要工作过程如下：

（1）进膜工位

自动进膜通过一个开卷架完成。软袋膜卷卷轴设计使得更换膜卷非常方便。膜卷通过气动夹具固定在卷轴上，不需要任何工具。由电机驱动完成连续、平稳的送膜动作。软袋膜网放在平衡辊上，然后逐步送入操作工位。传感控制器用来确保膜卷送膜动作始终平稳均匀。

（2）印刷工位

使用热箔膜印刷装置完成整个版面的印刷。印刷温度、时间和压力可调，以保证正版印刷。自动印刷箔膜控制保证质量，箔膜卷用完或断裂时，编码器监测器关断设备。更换印刷箔膜需要很少工具，操作简单，将操作时间减少到最低。印刷箔膜卷轴配备有手动气动夹具，更换操作简易迅捷。更换印刷版时，只需要使用简单的工具，用简单的紧固装置拧动即可。对于各种规格的软袋，在工位处都可以手动调整预先设定其位置。更改数字只需要使用简单的工具。数字更改不需要将印刷版取出即可完成。

(3) 口管预热工位

口管预热工位由接触热合系统构成。工位处有最低/最高焊接温度控制，以保证最佳的焊接温度。温度超出允许范围后设备自动停机以保证质量。

(4) 开膜、固定口管工位

通过一种特殊的装置，在膜层顶部打开一个口。口管被自动从送料器送入，随后到振荡盘上，然后再到线形口管传送装置上。系统纵面有4只机械手，可以将口管放置到支架上。送料链将口管放置到膜层间开口之中。进料系统遇到破损口管时会给出提示信息，保证设备不会因为破损口管而中断运行。

(5) 软袋外缘定型、口管点焊和外缘切割工位

软袋外缘热合、口管点焊、软袋外缘切割操作在本工位进行。封口操作由与热合装置连在一起的可移动型焊接夹钳来完成。热合时间、压力和温度均可调节。本工位带有最低/最高热合温度控制器，用以调节最佳热合温度。温度超出允许范围后，设备自动停机。

(6) 口管热合工位

口管热合工位是一种接触热封系统。工位有最低/最高热合温度控制器，用以调节最佳热合温度。温度超出允许范围后，设备自动停机。

(7) 废料剔除工位

通过一种特殊的机械手系统将软袋的废边切掉并收集到托盘中。

(8) 软袋转移工位

制作完成的空袋被机械手转移到软袋灌装机的软袋夹持机械手。灌装和封口操作过程中，软袋处于被吊起的位置。被确认为坏袋的软袋被自动剔除到坏袋收集托盘中。

(9) 灌装工位

灌装通过带有电磁灌装阀和微处理器控制器（位于主开关柜）的流量计系统来完成。这种先进的灌装系统可以很方便地通过按钮调整不同的灌装量。灌装量范围为100～10000ml。工位移下后，灌装嘴进入灌装口，开始灌装。通过一个圆锥形定中心装置将灌装口固定在中心位置。灌装口到达最低点位置时，与口管一起进行检查。如出现任何错误或故障信息，那么相应的袋不灌装。灌装系统可以进行完全的在线灭菌。不许拆卸任何部件。

(10) 加盖封口工位

盖子从送料器自动送料，然后到不锈钢振荡盘上，再到线形传送系统。通过一种特殊的管子用无菌空气将盖子以线形的方式吹到分送器上。然后盖子被机械手捡起塞入口管中。利用挡光板检查盖子的正确性，如提示有错误则设备停机。

（11）出袋工位

成袋被放到传送带上。被标志为坏袋的袋子被自动剔除到坏袋收集盘上。

（12）清洗（CIP）

从灌装工位控制面板上手动启动冲洗工序后，灌装工位向下进入清洗和灭菌槽。在不同灌装位置处的灌装阀在清洗和灭菌槽中使用硅垫圈密封。然后，清洗液由平衡罐通过产品管道进入产品分配器。清洗液再从这里流入不同的分装位置，穿过灌装系统、产品管道并穿过灌装阀进入清洗和灭菌槽。从这里，清洗液流过两个输出管道进入灌装工位下面的排水管。在清洗工艺结束时，灌装工位返回到原始位置。

（13）灭菌（SIP）

在机器清洗后，在温度约为 125℃时开始灭菌程序。从灌装工位控制面板手动启动灭菌程序后，灌装工位向下进入清洗和灭菌槽。不同灌装位置的灌装阀在清洗和灭菌槽中使用硅垫圈密封。打开灌装阀并将过热蒸汽从制品管道经过平衡罐送入制品分配器。从这里过热蒸汽进入不同灌装位置，穿过质量流量计系统、制品管道并穿过灌装阀进入清洗和灭菌槽。在清洗和灭菌槽内部，两侧安装温度探针（PT-100）用于在清洗过程中监测温度。从这里，过热蒸汽穿过两个输出管道进入灌装工位下面的排水管。在排水管的左侧和右侧装有两个截止阀。在截止阀下面有一个 1mm 直径的小孔。过热蒸汽通过这个鹅颈管凝结成水。冷凝液最后通过排水管排出。SIP 程序结束时，灌装头留在无菌灭菌管中，等待设置或下批生产，可确保整个灌装系统的无菌操作。

6.3.4 任务实施

6.3.4.1 非 PVC 膜软袋大输液自动生产线操作

（1）生产前准备

① 检查设备是否有"合格"标牌、"已清洁"标牌。

② 检查设备状况，开机前要对各关键部位加注润滑油。

③ 检查各部分零件的齐全性，检查各连接件的情况。

④ 对直接接触药物的部分进行消毒

⑤ 确认水电气连接，及滤芯的安装是否到位。

⑥ 将输液袋膜卷安装到位，把口管、盖子放入振荡器内部。

⑦ 挂"生产中"状态标志，进入生产程序。

（2）开机运行

① 接通总电源，开启电源总开关，电源指示灯亮。

② 开启压缩空气、冷却水阀门，调节压力。

③ 安装用于印刷的箔膜卷和模板。

④ 调节印刷、口管热合、成型、焊盖设备的温度。
⑤ 检查印刷、成型、口管热合、焊接、裁切等是否符合要求。
⑥ 按下主机起动按钮，主电机处于运行状态。
⑦ 调节装量达规定值，检查药液的澄明度。
⑧ 工作完毕，关闭主电源开关，电源指示灯灭。

（3）清场

① 摘下本批生产标示牌。

② 清除生产现场的废弃物，将洁净区内废弃物经废回间传出后放至指定地点。

③ 对生产现场进行清洁，清洁程序：先物后地、先上后下、先拆后洗、先零后整。

④ 生产过程中的废弃物送至废品池。

⑤ 日清场结束，房间挂"已清场"标示牌。

6.3.4.2 非PVC膜软袋大输液自动生产线维护与保养

（1）开膜工位

① 检查开膜装置上气动薄膜夹具的功能，见图6-13。

② 检查拉紧轮是否能自由移动；清洗带有导向装置的导向轨并加油。见图6-14。

图6-13 气动薄膜夹具

图6-14 导向轨

（2）印刷工位

① 检查覆盖在印刷装置上的薄膜夹具的橡胶是否处于良好的状况，及是否紧密。见图6-15。

图6-15 拉膜夹具

② 检查印刷装置是否调节到可以自由移动状况。清洁锭子和锥齿轮并加上油。见图 6-16。

图 6-16 锥齿轮

（3）送膜工位

① 检查薄膜夹具橡胶盖的工作状况和紧密性。检查吸嘴（真空）是否状况良好，如果出现损坏，需更换吸嘴（真空）。见图 6-17。

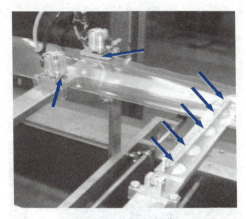

图 6-17 真空吸嘴

② 清洁带有导向装置的导向轨并加油。见图 6-18。

图 6-18 导轨装置

（4）预热工位

检查预热工具的使用状况及涂层；清洁预热工具。如果预热工具的外盖受到损坏，则需要更换。见图 6-19。

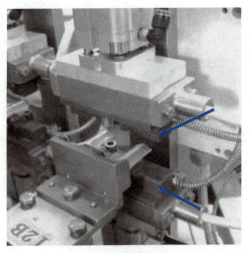

图 6-19　预热装置

（5）口管进料工位

清洁线形输送装置轨道，检查清洁空气压力的调节状况；检查振荡盘和线形输送装置的功能；检查挡光板的功能。见图 6-20。

图 6-20　口管选择振荡器

（6）软袋输送工位

① 清洁带有导向机构的导向轨，并加油。见图 6-21。

② 清洁球形套管操纵装置，并加油。

图 6-21　导向轨道

6.3.4.3 非 PVC 膜软袋大输液自动生产线常见故障及排除方法

设备操作人员应熟悉所用设备特点,懂得拆装注意事项及鉴别设备正常与异常现象,会进行一般的调整和简单的故障排除,自己不能解决的问题要及时上报,并协同维修人员进行排除。

非 PVC 膜软袋大输液自动生产线常见故障及排除方法见表 6-14。

表 6-14 非 PVC 膜软袋大输液自动生产线常见故障及排除方法

故障现象	原因分析	排除方法
软袋生产中的塑屑问题	1.包材本身所带有的。 2.设备运行中产生的(分膜刀、夹子、取袋杆、灌装头、去接口、盖处)	1.包材减少装卸次数,包装最好为真空包装,纸箱有强度、有支撑力,内部双层包装。 2.调整送盖轨道接口轨道,振荡筛,同步带卡子位置,及热合位置。取袋伸缩杆光滑,取袋头、灌装头各部位位置对正,接触面圆滑,表面光洁,无倒角。在上接口位置及定位停顿位置加吹离子风,真空吸收
软袋生产渗漏问题	1.包材影响。 2.焊接参数改变引起。 3.设备焊接位置要正。 4.热合膜的位置不对,导致焊接不良	1.根据接口焊接性能不同,调整焊接的温度及时间。 2.调整焊接参数。 3.及时将粘在模具上的熔化物清除。 4.及时将螺丝紧固
软袋印字不清晰	印字安装板与底板不平行	将底板调平
软袋印字位置改变	1.膜没有张紧。 2.拉膜时阻力太大	1.更换膜时检查膜是否张紧。 2.保持制袋间温度恒定
装量调整不准	灌装黏稠液体	灌装速度放慢,灌装加装质量流量计,灌装前打开循环 20min,排除管内气泡,管路各处检查无漏气,灌装流量计下阀全部充分开启,设隔膜阀
开膜器将膜划破	开膜器温度太高	制袋间空调系统要保证制袋间设备温度恒定、均匀,以保证开膜器处温度不会出现升高
组合盖输送不畅	1.组合盖质量不好。 2.送盖洁净空气压力不稳	1.更换组合盖。 2.调整压力
焊盖不牢	由于送盖出现阻卡,焊盖时取盖不正,造成盖加热不均匀,从而导致焊接不良	更换不同厂家组合盖时,一定要先做充分试机。同时要根据盖子的焊接性能不同,调整焊接的温度及时间,以保证焊接效果

6.3.5 思政小课堂

由于非 PVC 膜软袋大输液是全密闭式输注系统,能够避免空气中微粒及微生物的污染,因此被越来越多地使用。

而在药品的生产过程中采用机器人无菌生产的方式,则是未来的大趋势,目前不少大型药机企业正在加强研发力度,研发工业机器人以及智能装备。例如,创始于2000年的楚天科技,主营业务是医药装备及整体解决方案,现在已成为世界医药装备行业的主要企业之一,目前正在建立机器人智能工厂,采取"以机器人生产机器人"的模式,制造出高品质机器人以及高端制药设备,这代表我们的医药装备行业正朝着4.0的时代迈进,在生产车间中使用机器人,使药品污染的概率大大降低,更重要的是药品生产的全周期都做到了数据化,可以全程追溯。

随着"黑灯工厂"渐渐成为趋势,相信未来智能化将会贯彻到制药产业的各个环节,在智能化浪潮下,新时代的大学生要练就扎实的技能,勇于站在时代的前端,在智能化时代扎实地立足,引领这个时代积极向前发展。

6.3.6 任务评价

任务	项目	分数	评分标准	实得分数	备注
看示意图认知非PVC膜软袋大输液自动生产线结构	主要部件	40	不合格不得分		
简述非PVC膜软袋大输液生产过程		40			
简述非PVC膜软袋大输液生产过程中常见故障		20			
总分		100			

 ### 6.3.7 任务巩固与创新

口管密封质量，与哪些因素相关？

_____

_____

_____

6.3.8 自我分析与总结

学生改错

学生学会的内容

学生总结：

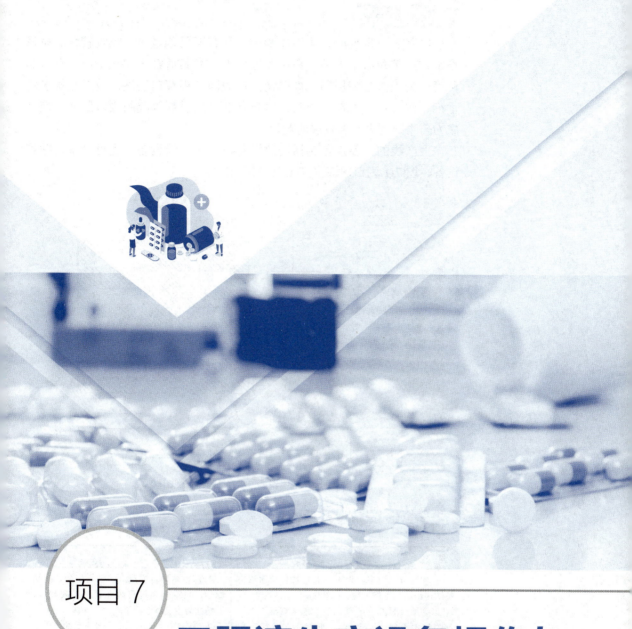

项目 7

口服液生产设备操作与维护

项目导读

口服液是常见的口服液体制剂，具有服用剂量小、吸收较快、质量稳定、携带和服用方便、易保存等优点，尤其适合工业化生产。有些品种可作为中医急症用药，如四逆汤口服液、银黄口服液，故近几年多将片剂、颗粒剂、丸剂、汤剂、中药合剂、注射剂等改制成口服液，使之成为药物制剂中发展较快的剂型之一。

生产线的主要设备包括洗瓶设备、灭菌干燥设备、灌封设备、贴签设备。图7-1为口服液生产工艺流程图。

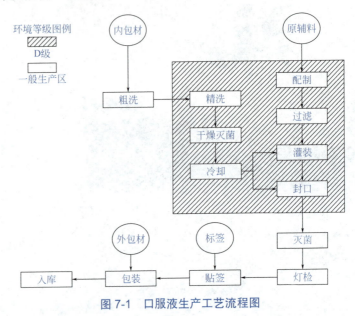

图7-1 口服液生产工艺流程图

项目学习目标

知识目标	能力/技能目标	思政目标
1. 掌握口服液生产设备结构组成和工作过程。 2. 熟悉口服液生产设备的基本原理、结构和应用范围。 3. 了解口服液主要生产岗位	1. 能操作口服液生产设备。 2. 能常规维护保养口服液生产设备。 3. 能清洁口服液生产设备。 4. 能排除常见故障	1. 深挖本项目所蕴藏的敬畏生命、守法诚信、自强创新等思政元素和思政载体，弘扬社会主义核心价值观。 2. 培养学生严谨细致、一丝不苟的工作态度，强化质量意识，追求极致的工匠精神。 3. 培养学生学习、思考、总结和求真创新能力

项目实施

本项目主要学习口服液轧灌机。学会了口服液相关生产设备的结构组成、工作原理、标准操作、维护保养及如何排除常见故障，理解相关知识和方法之后，便可以举一反三地完成其他不同类型口服液设备的操作、保养与维护。同时，注重药德、药技、药规教育，强化学生求真务实、合规生产、团队协作精神等社会能力。

任务 7.1　口服液灌轧机操作与维护

7.1.1　任务描述

口服液灌轧机是口服液生产设备中的主要设备，灌轧机可完成定量灌装和封口操作，灌轧机按照生产过程中口服液瓶输送形式的不同，可分为直线式灌轧机和旋转式灌轧机。直线式灌轧机的喷嘴呈直线式排列，药瓶被传动部分送至灌装部分，灌装完毕后由送盖器送出并由机械手完成压紧和轧盖。旋转式灌轧机采用旋转灌装系统，其灌注和封口是在一个绕轴转动的圆盘上完成的。旋转式灌轧机设备外形见图 7-2。

图 7-2　旋转式灌轧机设备外形

7.1.2　任务学习目标

知识目标	能力 / 技能目标	思政目标
1. 掌握口服液灌轧机结构组成和工作过程。 2. 熟悉口服液灌轧机的种类性能特点和应用范围	1. 能操作口服液灌轧机。 2. 能常规维护保养口服液灌轧机。 3. 能排除常见故障	1. 深挖本任务所蕴藏的敬畏生命、守法诚信、自强创新等思政元素和思政载体，弘扬社会主义核心价值观。 2. 培养学生严谨细致、一丝不苟的工作态度，强化质量意识，追求极致的工匠精神。 3. 培养学生学习、思考、总结和求真创新能力

项目 7　口服液生产设备操作与维护

7.1.3 完成任务需要的新知识

7.1.3.1 结构

口服液灌轧机的结构按照功能不同，可分为五个部分：传动机构、容器输送机构、液体灌注机构、送盖机构和加盖封口机构；按照药品运动顺序，可以分为网带进瓶工作站、绞龙提升工作站、进瓶拨轮工作站、灌装跟踪工作站、灌装工作站、中间走瓶工作站、挂盖工作站、理盖斗工作站、轧盖工作站、出瓶工作站及其他辅助系统等。其结构见图7-3，主要部件与作用见表7-1。

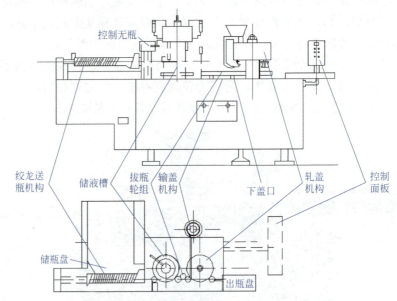

图 7-3 口服液灌轧机结构

表 7-1 口服液灌轧机主要部件与作用

主要部件	作用	图例
网带进瓶工作站	传送消毒后的口服液玻璃瓶到绞龙提升工作站	
绞龙提升工作站	口服液玻璃瓶通过绞龙送入机构内部	

续表

主要部件	作用	图例
进瓶拨轮工作站	将容器输送到灌装工位	
灌装跟踪工作站	传送口服液玻璃瓶，在传送过程中实现灌装	
灌装工作站	口服液灌注	
中间走瓶工作站	将灌注好的口服液从灌注工位输送到下一个工位	
挂盖工作站	为灌装好的口服液戴好盖子	
理盖斗工作站	将杂乱的盖子理好排队，送入输盖轨道	

项目 7　口服液生产设备操作与维护

续表

主要部件	作用	图例
轧盖工作站	将灌装好戴好盖子的口服液盖子轧紧	
出瓶工作站	将完成灌装轧盖的口服液运送到出瓶区	
其他辅助系统	环境监测系统：主要由尘埃粒子检测仪、微生物检测仪、风速监测仪、真空管路系统等组成	
	电气系统：控制口服液灌轧机动作	

7.1.3.2 工作过程

（1）传动机构

由电机经皮带轮将动力传给减速机蜗轮轴，再由蜗轮轴通过各齿轮，将动力传到拨轮轴及灌装部分和轧盖头。灌装部分与轧盖头及各个拨轮同步动作，并通过锥齿将动力传到进瓶拨轮装置，在设备进瓶拨轮处装有无瓶不灌检测光纤，在设备出瓶处安装有计数光纤，检测瓶子的有无。

（2）容器输送机构

能够将容器定量、定向、定时输送到相应工位，网带进瓶工作站通过传动机构带动网带转动将消毒好的口服液玻璃瓶输送至绞龙工作站，口服液玻璃瓶通常使用绞龙（螺旋输送）理好，首先送入进瓶拨轮工作站，然后进入灌装跟踪工作站的大拨轮机构，在大拨轮转动的过程中，灌针会跟随口服液玻璃瓶同步运动进行灌注，中间走瓶工作站带动灌注好的口服液玻璃瓶经过送盖机构和轧盖机构，最后进入出瓶工作站，进入成品区域。

（3）液体灌注机构

一般采用常压灌装，靠液体自重产生流动，从而使药液从计量筒或储液槽灌注到口服液玻璃瓶中，灌注量可以采用阀式、量杯式和等分圆槽定量控制。灌针的动作由跟踪凸轮和升降凸轮共同控制，使灌针跟随口服液玻璃瓶的转动而同步转动。在灌装过程中，灌针随着液面上升而上升，从而起到消泡作用；在灌装过程中，灌轧机有无瓶不灌装功能，以防止泄漏药液、污染机器及影响机器的正常运转。

（4）送盖机构

由输盖轨道、理盖头及戴盖机构组成。理盖头采用电磁螺旋振荡原理，将杂乱的盖子理好排队，经换向轨道进入输盖轨道，经过戴盖机构时，再由瓶子挂着盖子经过压盖板，使盖子戴正。

（5）轧盖机构

口服液玻璃瓶戴好盖子转入轧盖头转盘后，已经张开的三把轧刀将以瓶子为中心，随转盘向前转动，在凸轮的控制下压住盖子，这时三把轧刀在锥套的作用下，同时向盖子轧去，轧好后，同时又离开盖子，回到原位。

7.1.4 任务实施

7.1.4.1 口服液轧灌机操作

我国药品生产企业在《中国制造2025》政策的指导和推动下，制药设备由传统手工操作向自动化、信息化、智能化转型，表现在口服液生产设备上就是采用 PLC 控制，变频调速，全部操作可根据用户要求设定的工艺参数自动完成，大大提高生产效率，降低劳动成本。人工操作只是作为一种辅助手段被保留下来。

口服液灌轧机操作规范见表 7-2。

7.1.4.2 口服液灌轧机维护与保养

药品生产设备的维护与保养是操作人员的重要工作内容之一。一台精心维护的设备往往可以长期保持良好的性能而无需进行大修，如果忽视维护与保养就可能导致设备在短期内损坏，甚至发生事故。药品生产企业应对所有操作人员进行设备操作的理论和实操培训，确保操作人员能够按照规定的要求，正确、规范地操作设备。

（1）网带进瓶工作站维护与保养

① 检查网带的张紧程度；检查减速机的运行状况；检查是否出现了重、杂、怪、乱的异常噪声，判断设备内部出现的松动、撞击、不平衡等隐患，调节相应零部件至正确位置并紧固相应紧固件。

表 7-2 口服液灌轧机操作规范

项目	操作与清洁规范
开机前检查	1. 确认设备处于"已清洁"状态，并且在清洁有效期内。 2. 检查生产区域附属设备等是否处于"已清洁"状态，并在清洁有效期内。 3. 检查设备的润滑情况。 4. 检查电机旋转方向与规定方向一致。 5. 计量泵是否已按清洁和消毒规程进行了清洗和消毒工作。 6. 网带进瓶区域无倒瓶和玻璃屑现象。 7. 进瓶绞龙区域无倒瓶、卡瓶现象，并检查是否有遗留异物或玻屑，做相应清理。 8. 检查理盖斗内无卡住的或剩余的盖子，如有则需要清理干净
开机	1. 将进液管、出液管接到计量泵上，进液管的另一端插入储药瓶内，出液管的另一端接到灌注针头上。 2. 校正灌注针头，使之与瓶口对准，根据瓶的大小调整剂量。 3. 在理盖斗内加入瓶盖，启动开关，调节速度使瓶盖停留在下盖头等候，调整调压器到合适位置，使送盖速度合适。 4. 进瓶斗里加入瓶子，注意要整齐不要翻倒
触摸屏操作	装量设定：在触摸屏上输入灌装量与速度，按下选取键 装量测试：设定测试时间，选取所需的泵号，按下"测试使能"后，可对所选取的泵进行单次或连续测试 参数设定：所有参数是按照编码器值（0～1024）来设定的，与主轴原点位置有很大关系。灌装区间：从灌装针头到瓶口允许灌装位置开始到针头离开瓶口位置结束。吸药区间：在回吸结束到下一轮灌装开始前均可。灌装偏移：无瓶不灌偏移个数 伺服操作：可对伺服电机手动操作并设置原点。设定伺服运动加、减速度后按下参数写入即可改变伺服的运动加减速度。按下"参数恢复出厂设置"即可把灌装区间、停机区间、吸药区间恢复到出厂预设值
停机	正常停机，停车前停止加瓶，待瓶子全部灌装、轧盖后按下停止按钮，关掉电源
	紧急停机，按下紧急停止按钮

续表

项目	操作与清洁规范
设备清洁	每班生产结束后对设备进行卫生清理,将悬挂的"正在运行""已清洁"标识摘下,换上"正在清洁"标识,水洗干净,消毒备用。 1. 将所有半成品及不合格品等清除,用真空清扫玻璃屑等杂质→再用压缩空气吹干设备→抹布擦拭,保证设备内外清洁干燥。 2. 用饮用水将物料容器刷洗干净。 3. 物料容器打入纯化水,打开设备,运行,使纯化水沿物料走向,冲刷管路10min。 4. 物料容器中打入75%乙醇溶液,打开设备,运行,使75%酒精沿物料走向,消毒容器和管路,盖上容器盖,再次使用时,须先将物料容器中打入纯化水,打开设备,运行,使纯化水沿物料走向,清洗容器和管路5min。 5. 设备外表面,用毛巾蘸洗洁精擦拭干净,用纯化水从上到下冲洗干净,再用75%酒精湿润抹布擦拭消毒,用干净的毛巾擦干,至符合要求。 6. 清洁合格后,用消毒剂擦拭消毒设备各表面进行消毒,然后用纯化水将消毒剂擦拭干净。 7. 不锈钢制造零件可以使用水、酒精(异丙醇)等作为清洁剂,清洁工具可以采用无尘抹布、钢丝绒、有细刷毛的细丝刷等,不可以使用有色金属及可掉纤维的抹布。 8. 清洁机器时,应注意保护电气部分,防止进水、漏电。清洁机器必须在切断机器电源、电器完全停止运转后进行

② 检查缺瓶检测是否正常。

③ 检查绞龙出瓶端网带挡块弹簧复位是否灵活,如挡块复位不灵活,调整挡块并更换弹簧。

④ 检查进瓶底轨的磨损情况,保证底轨与网带同高或底轨略低于网带,底轨与网带高度差不能大于0.5mm,调整或更换相应零部件,并紧固好。

(2) 绞龙提升工作站维护与保养

① 检查绞龙与进瓶拨轮是否错位,如错位,拧松绞龙联轴器锁紧螺钉,对好绞龙与进瓶拨轮位置后,再拧紧锁紧螺钉。

② 检查绞龙与栏栅之间的距离是否适中,瓶子放入其中的间隙约为1mm。

③ 检查链条是否张紧。

④ 检查轴承座是否正常、安装螺钉有否松动,调整或更换轴承座。

(3) 进瓶拨轮工作站

① 检查进瓶底轨是否磨损造成走瓶不顺;检查底轨固定螺钉是否松动,更换底轨,拧紧底轨固定螺钉。

② 检查进瓶拨轮与栏栅磨损及通道间隙是否正常,如通道间隙大,走瓶不稳,会影响进瓶速度和灌装精度;如拨轮及栏栅磨损影响进瓶则需更换。

③ 检查台板下齿轮啮合情况是否良好,固定螺钉是否松动引起齿轮间隙变大;每100h给齿轮添加润滑脂,用手拨动齿轮,如齿轮松动需拧

紧锁紧螺母或螺钉，磨损严重需更换齿轮。

④ 检查绞龙链条的张紧程度，适当调节相应零部件至正确位置并紧固相应紧固件，如有必要则对相应零件进行更换，需润滑处按需润滑。

（4）灌装跟踪工作站

① 检查灌装底轨是否磨损造成走瓶不顺，检查底轨固定螺钉是否松动，如有磨损，更换灌装底轨，拧紧底轨固定螺钉。

② 检查大拨轮与栏栅磨损及通道间隙是否正常，如通道间隙大，走瓶不稳，会影响灌装质量；如拨轮及栏栅磨损影响进瓶则需更换。

③ 检查台板下轴承运行是否良好，用手拨动手轮，如灌针架跟踪异常需更换轴承。

（5）中间走瓶工作站

① 检查瓶托是否松动、与大拨轮位置是否合理，调整固定瓶托螺钉和大拨轮与瓶托交接位置。

② 检查栏栅与底轨是否磨损，如有必要需更换栏栅和底轨。

（6）挂盖工作站

① 检查落盖轨道缺盖光纤感应是否灵敏、准确，调整光纤位置，如有必要则对相应零件进行更换。

② 检查落盖轨道走盖槽是否磨损，正常安装后走盖出现叠盖、卡盖现象，需更换落盖轨道。

③ 检查挂盖组件压板磨损情况，压板使用一段时间后因与盖子摩擦出现凹槽，需修磨，如有必要则对相应零件进行更换。

④ 检查落盖轨道与理盖斗对接是否正常，调整理盖斗位置，使其与落盖轨道对接正常。

（7）理盖斗工作站

① 检查理塞底橡胶缓冲垫是否老化或损坏而失效，如缓冲垫失效需更换。

② 检查理塞底工作是否正常，如有异常，需返修或更换理塞底。

③ 检查理盖斗调速盒是否正常。

（8）轧盖工作站

① 检查定位块固定螺钉是否松动，定位块是否完整，调整定位块，如有必要则对相应零件进行更换。

② 检查托瓶套压缩及复位是否正常，检查托瓶套齿轮运行是否正常，调节相应零部件至正确位置并紧固相应紧固件，如有必要则对相应零件进行更换，需润滑处按需润滑。

③ 检查盘形凸轮内滚钉轴承及摆臂弹簧是否正常，调节相应零部件至正确位置并紧固相应紧固件，如有必要则对相应零件进行更换，需润滑处按需润滑。

④ 检查压头内摩擦垫及压头是否正常，检查轧刀是否松动、位置移动，调节相应零部件至正确位置并紧固相应紧固件，如有必要则对相应零件

进行更换。

（9）出瓶工作站

检查出瓶拨轮与栏栅磨损及通道间隙是否正常，如通道间隙大，走瓶不稳，会影响进瓶速度和挂盖质量，检查出瓶及剔废光纤计数是否准确，如拨轮及栏栅磨损影响出瓶需更换；调节相应零部件至正确位置并紧固相应紧固件，如有必要则对相应零件进行更换。

（10）灌装工作站

① 检查灌装泵位置是否正确，灌装复位弹簧是否正常，卡好灌装泵位置，保证灌装弹簧未失效。

② 检查电磁铁是否复位可靠、动作灵敏，如有必要需更换。

③ 检查限位接近光纤是否准确，调节相应零部件至正确位置并紧固相应紧固件，如有必要则对相应零件进行更换。

④ 检查灌装伺服电机是否正常，调节相应零部件至正确位置并紧固相应紧固件，如有必要则对相应零件进行更换。

（11）传动系统

① 检查减速机转动是否正常，确定减速机没有异响，润滑油无泄漏现象，如有必要需更换润滑油。

② 检查各齿轮啮合情况，润滑油情况，如有需要添加润滑脂。

③ 检查各轴承运行情况，特别是凸轮槽内滚针轴承是否有异常、运行是否正常，调节相应零部件至正确位置并紧固相应紧固件，如有必要则对相应零件进行更换。

（12）环境监测系统维护和保养

① 风速仪测量是否可靠，按照风速仪的使用操作手册进行维护和保养，注意房间灭菌时，一定要用保护罩将前面探头保护起来。

② 尘埃粒子计数是否可靠，尘埃粒子保护罩是否可靠，按照尘埃粒子检测仪的使用操作手册进行维护和保养。

③ 微生物采样器是否可靠，按照微生物采样器的使用操作手册进行维护和保养。

④ 手套密封性是否可靠，对手套进行检漏测试，对泄漏手套进行更换。

（13）电气系统维护和保养

① 检查电控柜周围环境、电控柜的安装固定以及柜门是否能正常打开关闭，门锁、铰链、密封胶垫是否完好。

② 检查电控柜内部元件安装情况，元件是否安装牢固、标签完好，电器和电线是否老化，端子排接线是否牢固。

③ 确认散热风扇工作情况以及外部的过滤器或防护网清洁状况。

④ 检测绝缘电阻和接地电阻的阻值，绝缘电阻应大于 1Ω，接地电阻应小于或等于 4Ω。

⑤ 操作面板按钮接线无松动，紧急情况下按下紧急停止开关，确认紧急按钮有效性。

7.1.4.3 口服液灌轧机常见故障及排除方法

设备操作人员应熟悉所用设备特点，懂得拆装注意事项及鉴别设备正常与异常现象，会进行一般的调整和简单的故障排除，自己不能解决的问题要及时上报，并协同维修人员进行排除。

口服液灌轧机常见故障及排除方法见表 7-3。

表 7-3 口服液灌轧机常见故障及排除方法

故障现象	原因分析	排除方法
网带不运转	1. 电机减速机不运转。 2. 链轮跑偏。 3. 网带刮到过渡板，网内卡异物或网带链断裂	1. 减速机故障或损坏，维修。 2. 调整链轮。 3. 调整过渡板和网带间间隙，清理异物，更换网带链
触摸屏上缺瓶报警	1. 进瓶处少瓶。 2. 检测开关失灵或反光板没有对准	1. 增加瓶子数量。 2. 更换检测开关或调整位置
进瓶缺瓶	1. 瓶子间互相顶死。 2. 进瓶网带太慢	1. 调整右边弹片护板和弹片，如果弹片弹力太小需要更换弹片。 2. 增加输瓶带速度
绞龙抖动	1. 绞龙联轴器没有夹紧，绞龙与进瓶拨轮错位。 2. 锥齿轮的位置没有啮合好。 3. 链条没有张紧	1. 重新调整位置，拧紧绞龙联轴器锁紧螺钉。 2. 调整锥齿轮的啮合间隙。 3. 调整大链条调节螺栓，张紧链条
绞龙进瓶缺瓶、倒瓶	1. 进瓶网带速度慢，瓶子推力不够。 2. 网带底轨卡入玻璃碎片而使底轨变形，底轨与网带不平。 3. 绞龙出瓶端挡块卡死或弹簧失效，活动挡块不能及时复位从而失去缓冲作用	1. 调快进瓶网带速度。 2. 修正或更换底轨，保证底轨与网带同高或底轨略低于网带，底轨与网带高度差不能大于 0.5mm。 3. 调整挡块，更换弹簧
绞龙与进瓶拨轮交接处炸瓶、卡瓶	绞龙与进瓶拨轮错位	调整绞龙与进瓶拨轮的位置
减速机异常声响	1. 润滑油过少。 2. 减速机漏油	1. 按照要求添加润滑油。 2. 更换减速机
主机过载画面	1. 瓶子在出瓶通道内翻倒或出瓶通道调整不当。 2. 电机电流过大。 3. 变频器出现故障	1. 移去倒瓶或调整好出瓶通道。 2. 查明机器过载原因，并排除电路故障。 3. 检查变频器是否损坏或者线路接触不良
瓶子在输送过程中摆动	栏栅与拨轮间隙过大	调节栏栅或更换栏栅与拨轮（易损件磨损快）
进瓶拨轮与大拨轮交接处炸瓶、卡瓶	1. 进瓶拨轮与大拨轮错位。 2. 进瓶拨轮与大拨轮上的拨瓶板位置没调整合适	1. 调整进瓶拨轮与大拨轮的位置。 2. 调整进瓶拨轮与大拨轮上的拨瓶板

续表

故障现象	原因分析	排除方法
瓶子在输送过程中摆动，灌针碰瓶口	1. 栏栅与拨轮间隙过大。 2. 进瓶拨轮位置的锥齿轮间隙过大，造成机械抖动。 3. 灌针定位锁紧螺栓松动	1. 调节栏栅或更换栏栅与拨轮（剔损件磨损快）。 2. 调整进瓶拨轮位置的锥齿轮间隙，如果齿轮磨损请更换齿轮。 3. 调整灌针定位锁紧螺栓使其定位合理
甩药、瓶身划伤	1. 大拨轮与瓶托交接处不同步或间隙过大，瓶子在运行过程中摆动过大。 2. 拨瓶板与瓶子有摩擦造成瓶身划伤	1. 调整大拨轮与瓶托交接处，或调整瓶托与栏栅间隙，如有必要需更换栏栅。 2. 调整拨瓶板与瓶子的间隙，使拨瓶板不超过栏栅位
炸瓶	1. 大拨轮与瓶托交接处不同步或间隙过小。 2. 瓶托变形	1. 调整大拨轮与瓶托交接处，或调整瓶托与栏栅间隙，如有必要需更换栏栅。 2. 更换瓶托
出盖卡盖、缺盖	1. 落盖轨道与理盖斗对接错位。 2. 落盖轨道内有反盖进入。 3. 落盖轨道内盖速度跟不上。 4. 缺盖不停机，可能是落盖轨上光纤感应失灵	1. 调整落盖轨道与理盖斗出盖嘴对接位置。 2. 剔除落盖轨道内反盖。 3. 理盖斗补盖，调高理盖速度。 4. 重新校准光纤或者光纤已损坏需更换
挂盖掉盖、漏挂盖、铝盖挂伤	1. 挂盖组件压板磨损。 2. 挂盖组件闸板磨损有毛刺或弹簧弹力过小。 3. 落盖轨道过高或者过低	1. 更换压板。 2. 给闸板去毛刺，调整闸板上压紧弹簧螺母。 3. 调整落盖轨道高度
理盖斗卡盖	1. 斗内翻盖挡住通道。 2. 铝盖已变形	1. 清理盖通道内的翻盖。 2. 清理已变形的铝盖
理盖斗速度跟不上生产需求	1. 理塞底内弹片失效。 2. 理盖斗调速盒速度不匹配。 3. 铝盖与理盖斗不匹配	1. 更换理塞底。 2. 选择合适的振荡速度或更换调速盒。 3. 选择配套的铝盖与铝盖斗
理盖斗噪声大	1. 理塞底下面橡胶缓冲垫老化失效。 2. 理塞底内部结构损坏。 3. 理盖斗调速盒速度不匹配	1. 更换缓冲垫。 2. 检查理塞底，如有必要需更换理塞底。 3. 选择合适的振荡速度或更换调速盒
轧盖不紧	1. 轧盖组过高，压头压盖不紧。 2. 托瓶套内弹簧失效	1. 调整轧盖组高度，使压头压盖合适。 2. 更换弹簧
轧盖包边不良（包偏、起皱）	1. 压头内摩擦垫磨损，瓶子转动定位不准。 2. 轧刀靠瓶不准。 3. 盖子包材过长或过大。 4. 摆臂弹簧弹力过大	1. 更换摩擦垫。 2. 调整轧刀靠瓶位置。 3. 更换合格包材。 4. 调整上摆臂压紧螺母，使弹簧弹力合适

续表

故障现象	原因分析	排除方法
轧盖炸瓶	压头内有毛刺，出瓶时瓶子卡在压头内	修磨压头，去除毛刺或更换压头
瓶子在输送过程中摆动	栏栅与拨轮间隙过大	调节栏栅或更换栏栅与拨轮（易损件磨损快）
灌装量不稳定	1. 灌装滑座部件微调盘位置没有固定好，发生移位。 2. 蓝/白芯损坏或位置没有摆好，使其失去了单向阀的功能。 3. 灌装泵损坏	1. 调整微调盘位置，并插上插销，如有异常需更换。 2. 调整位置或更换蓝/白芯。 3. 需更换灌装泵
滴漏	白芯损坏或位置没有垂直，使其失去回吸功能	调整白芯位置或更换
灌装跟踪不同步	跟踪凸轮与升降凸轮位置不合理	调整跟踪凸轮与升降凸轮位置
灌针抖动	跟踪凸轮或升降凸轮的轴承损坏	更换轴承
风速仪显示异常	1. 风速仪损坏。 2. 安装位置不对	1. 按照维护保养手册维护，或更换新的风速仪。 2. 调整安装位置
尘埃粒子检测仪计数器显示异常	1. 尘埃粒子检测仪计数器损坏。 2. 真空管路真空量不足。 3. 未采用专用粒子管	1. 按照维护保养手册维护，或更换新的尘埃粒子检测仪计数器。 2. 更换大的真空泵。 3. 更换尘埃粒子检测仪专用管
微生物采样器异常	1. 伺服原点未调好。 2. 未增加限流管。 3. 电磁阀损坏。 4. 流量计损坏	1. 按照维护保养手册维护，或更换新的微生物采样器。 2. 增加限流装置。 3. 更换新的电磁阀。 4. 更换新的流量计

 7.1.5 思政小课堂

口服液灌装生产线多采用旋转式灌装，旋转式灌装的优点在于灌装精准、使用操作简单、精度误差小，同时还具备部分附加功能，使用户在设备清洗、维护保养等方面更加简单方便，并且能够根据不同规格的瓶子任意调整灌装量，可以配置成自动流水线。

随着人口老龄化趋势的加剧以及大健康等相关政策的推动，人民对医药的需求也在不断增加，这种巨大的需求为医药工业带来了机遇和挑战，医药行业非常值得看好，经济地位稳步提升，而与此同时，医药行业也面临着人才严重不足的挑战，同学们在治学求知的过程中必须严密谨慎、严格细致，勇于探求新理论、新知识，让专业技能过硬，更要在将来的工作中用兢兢业业、一丝不苟的态度来面对机遇与挑战。

7.1.6　任务评价

任务	项目	分数	评分标准	实得分数	备注
看示意图认知口服液灌轧机结构	主要部件	40	不合格不得分		
简述口服液灌轧机工作过程		40			
简述口服液灌轧机常见故障		20			
总分		100			

 ### 7.1.7　任务巩固与创新

查阅相关资料,自学口服液贴签机结构及工作原理。

7.1.8 自我分析与总结

学生改错	学生学会的内容

学生总结：

参考文献

[1] 孙传瑜，张维洲. 药物制剂设备 [M]. 济南：山东大学出版社，2010.

[2] 孙传聪，董天梅. 药剂设备实训教程 [M]. 济南：山东人民出版社，2016.

[3] 董天梅，张维洲. 药剂设备应用技术 [M]. 北京：中国医药科技出版社，2015.

[4] 马贤鹏. 预灌封注射剂技术与应用 [M]. 上海：上海科技出版社，2017.

[5] 孙传聪，翟树林. 药物制剂设备 [M]. 北京：中国医药科技出版社，2019.

[6] 霍本洪. 浅析非 PVC 膜软袋输液生产线的设计 [J]. 上海医药，2012，33（13）：36-40.

[7] 中华人民共和国卫生部. 药品生产质量管理规（2010 年修订）.